utb 5415

W0072266

Eine Arbeitsgemeinschaft der Verlage

Böhlau Verlag · Wien · Köln · Weimar
Verlag Barbara Budrich · Opladen · Toronto
facultas · Wien
Wilhelm Fink · Paderborn
Narr Francke Attempto Verlag / expert verlag · Tübingen
Haupt Verlag · Bern
Verlag Julius Klinkhardt · Bad Heilbrunn
Mohr Siebeck · Tübingen
Ernst Reinhardt Verlag · München
Ferdinand Schöningh · Paderborn
transcript Verlag · Bielefeld
Eugen Ulmer Verlag · Stuttgart
UVK Verlag · München
Vandenhoeck & Ruprecht · Göttingen
Waxmann · Münster · New York
wbv Publikation · Bielefeld

Annika Fix arbeitet nach ihrem Bachelor-Abschluss im Studiengang Mediapublishing an der Hochschule der Medien Stuttgart als Projektmanagerin im Online Marketing bei der digitalen Werbeagentur deepr.

Prof. Christof Seeger ist Professor im Studiengang Mediapublishing und Studiendekan im Masterstudiengang Crossmedia Publishing & Management an der Hochschule der Medien in Stuttgart.

Annika Fix, Christof Seeger

Wer pinnt gewinnt. Pinterest als Instrument im Online-Marketing

UVK Verlag · München

Umschlagmotiv: iStockphoto JuliaMag

Bibliografische Information der Deutschen Nationalbibliothek
Die Deutsche Nationalbibliothek verzeichnet diese Publikation in der Deutschen
Nationalbibliografie; detaillierte bibliografische Daten sind im Internet über
http://dnb.dnb.de abrufbar.

Die Checklisten aus dem Buch stehen als Worddatei unter www.uvk.digital/
9783825254155 zur Verfügung.
Für Dozenten findet sich dort auch ein Foliensatz zur Unterstützung in der
Lehrveranstaltung.

Internet: www.narr.de
eMail: info@narr.de

CPI books GmbH, Leck

utb-Nr. 5415
ISBN 978-3-8252-5415-5 (Print)
ISBN 978-3-8385-5415-0 (ePDF)
ISBN 978-3-8463-5415-5 (ePub)

Inhalt

1 Einleitung - Die Herausforderungen des Online Marketings

1.1 Die Bedeutung der Customer Journey

Online Marketing ist im digitalen Zeitalter eine Marketing-Disziplin, die aus den Marketingstrategien von großen, mittelständischen und kleinen Unternehmen und Marken nicht mehr wegzudenken ist. Obwohl auf Offlinewerbung in Deutschland im Jahr 2019 noch höhere Investitionen entfallen, ist der Trend hin zu Online eindeutig. Während von 2013 bis 2019 die Ausgaben für Online um 6,6 Millionen Euro von 11,8 auf 18,4 Millionen stiegen, wuchs das Investitionsvolumen im Offline-Bereich lediglich von 28,9 auf 30 Millionen Euro.[1] Laut der Prognose der Agentur Zenith werden im Jahr 2021 voraussichtlich die weltweiten Ausgaben für Onlinewerbung erstmals die für Offline übersteigen.[2]

Diese Entwicklung zugunsten von Online kommt nicht von ungefähr. In der Informationsgesellschaft ist mit der Erfindung des World Wide Web ein digitaler Wandel einhergegangen, der das Internet zu einem zentralen Dreh- und Angelpunkt im Alltag von Konsumenten gemacht hat. Heute können wir quasi von überall mit unseren Smartphones Banküberweisungen tätigen, Nachrichten aus aller Welt verfolgen und den leeren Kühlschrank mit einer Online-Bestellung beim Supermarkt-Lieferdienst unseres Vertrauens wieder auffüllen.

Das Internet hält für Konsumenten schnelle Informations- und Produktsuche, einfache Vergleichsmöglichkeiten und eine direkte bequeme Kaufabwicklung mit ein paar Klicks bereit. Dank Suchmaschinen wie Google können Internetnutzer on demand Antworten auf ihre Fragen finden. Auf Vergleichsportalen können hunderte Angebote von Produkten und Dienstleistungen verglichen werden. In sozialen Netzwerken können sich Nutzer über die Meinungen und Erfahrungen von Freunden oder anderen Kunden informieren. Und schließlich machen Händlerportale wie Amazon und Online-Shops den Kaufprozess bequem vom Sofa aus möglich. Mit dem

---

1   vgl. Statista.com (a) 2020
2   vgl. Zenithmedia.com 2019

Internet verändert sich auch das Kaufverhalten der Nutzer. Ihre Customer Journey findet heute an vielen verschiedenen Punkten im Internet und auf vielen verschiedenen Kanälen statt. Broschart und Monschein zeigen auf, dass das Nutzungsverhalten im Internet von der Position des jeweiligen Nutzers in seiner Customer Journey und von seiner Suchintention abhängig ist.[3] Beeinflusst von der Nutzungsintention lassen sich drei Arten von Erstkontakt-Besuchertypen einer Website identifizieren. Nutzer, die aus Informationsbedürfnis, Neugierde oder Unterhaltungswunsch auf der Website stöbern. Außerdem Nutzer, welche auf der Website nach einer Lösung für ihr Anliegen recherchieren. Und seltener Nutzer, die unmittelbar beim ersten Besuch einen Kauf tätigen, bspw. aus einem spontanen Kaufimpuls heraus. Gelingt es Unternehmen, Nutzer in einem frühen Stadium der Customer Journey auf sich aufmerksam zu machen, kann dies den Entscheidungsprozess des Nutzers beeinflussen.[4]

Definition Customer Journey
Die Customer Journey beschreibt den Weg, den Konsumenten vom ersten Kontakt mit einer Marke oder einem Produkt bis zur Kaufentscheidung gehen. Dabei durchlaufen sie die Phasen Awareness, Consideration und Purchase und passieren verschiedene Berührungspunkte (Touchpoints) mit dem Produkt oder der Marke auf unterschiedlichen Kanälen bevor es zum Kaufabschluss kommt.[5]

Das Konzept der Customer Journey hat sich mittlerweile zu einem komplexen Konstrukt entwickelt, das durch ein vielfältiges Informationsangebot im Internet und eine Vielzahl von Kanälen beeinflusst wird. Es gibt verschiedene Modelle, um die heutige Customer Journey abzubilden. Grundsätzlich besteht sie aus den Hauptphasen **Awareness, Consideration, Purchase**. Die **Loyalty-Phase** schließt sich an, wenn es dem Website-Betreiber gelingt, den Kunden erneut zum Besuch der Seite anzuregen. Dieser Ablauf der Customer Journey wird in Abb. 1 grafisch verdeutlicht.

In der **Awareness-Phase** wird sich der Nutzer eines Problems oder eines Bedürfnisses bewusst. Dies kann durch eine eigene persönliche Situation

---

3   vgl. Broschart / Monschein 2017, S. 75
4   vgl. ebd., S. 76f
5   vgl. Ryte.com (a) 2019

hervorgerufen werden. Beispielsweise ist der Rucksack eines Nutzers kaputt gegangen und er benötigt nun einen neuen. Aber auch die Empfehlung eines Bekannten oder die Werbung eines Unternehmens kann in ihm ein Kaufbedürfnisse hervorrufen. Der Nutzer könnte zum Beispiel einen emotionalen Instagram-Post von einem Unternehmen gesehen haben, das Rucksäcke aus Ozean-Plastik herstellt. Der Nutzer könnte diese Idee eines Rucksacks aus Recyclingmaterial sehr ansprechend finden. Daraufhin widmet sich der Nutzer dieser neu gewonnenen „Awareness" für ein Produkt mit einer ersten generischen Suchanfrage. Diese könnte in seinem Fall zum Beispiel „Rucksack aus Ozean-Plastik" heißen.

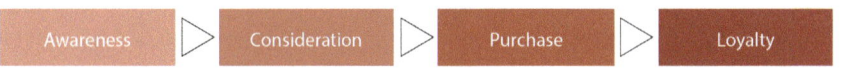

Abb. 1 Phasen der Customer Journey (Quelle: Eigene Darstellung)

Nach einem ersten Stöbern geht der Nutzer über in die **Consideration-Phase**, in welcher er konkreter nach Inhalten und Angeboten zu seinem Bedürfnis recherchiert. Beispielsweise geht er auf die Website des Herstellers, dessen Instagram-Werbung er gesehen hat und schaut sich die Produktauswahl an. Auch sucht er nach anderen Herstellern oder Versandhäusern und vergleicht Preise.

In der **Purchase-Phase** entscheidet sich der Nutzer nach seiner Recherche schließlich für ein bestimmtes Produkt eines Herstellers und erwirbt dieses. Seine erste Erfahrung mit dem Produkt und weitere Serviceangebote des Unternehmens entscheiden, ob der Nutzer in die **Loyalty-Phase** übergeht.[6] Ist der Nutzer mit seinem neuen Rucksack aus Ozean-Plastik sehr zufrieden wird er vielleicht den Newsletters des Unternehmens abonnieren oder seinen Bekannten von seinem neuen Rucksack erzählen.

Die wenigsten Customer Journeys verlaufen linear und auf nur einem Kanal. Nutzer kehren zu verschiedenen Schritten zurück, beginnen erneut mit der Informationssuche und besuchen verschiedene Touchpoints.[7] Für eine zielgerichtete Online-Marketing-Strategie ist es deshalb unerlässlich, die Zielgruppe und deren Phasen innerhalb ihrer Customer Journey zu kennen. Nur so kann die Zielgruppe auf den richtigen Kanälen mit den passenden

6   vgl. Hagen / Münzer 2019, S. 56ff
7   vgl. ebd., S. 58

Inhalten und Angeboten beim Stöbern und Recherchieren begleitet werden. Denn nicht nur die eigene Website, sondern auch Social Media, Newsletter oder Blogs können Kontaktpunkte sein, an denen potenzielle Kunden mit der eigenen Marke und den Produkten in Berührung kommen. Die Online Customer Journey mag zwar weitaus komplexer und vielschichtiger sein als eine Customer Journey, die bei einem reinen offline Kauf stattfindet, doch sie ist im Vergleich dazu auch viel besser nachvollziehbar. Denn mit verschiedenen Tracking- und Analyse-Tools können Unternehmen den Schritten ihrer potenziellen Kunden durchs Netz folgen und somit herausfinden, auf welchen Plattformen sie sich (bei ihrer Suche) aufhalten und auf welche Maßnahmen sie wie reagieren. Die Komplexität der Customer Journey im Netz bietet zugleich auch die Chance potenzielle Kunden kanalübergreifend mit kreativen Kampagnen vom eigenen Angebot zu überzeugen.

1.2 Content-Marketing eine vielversprechende Alternative

So einfach der oben beschriebene Weg einer Customer Journey in der Theorie klingen mag, in der Praxis sieht es natürlich anders aus. Die Entwicklung zur Informationsgesellschaft durch den digitalen Wandel und die Nutzung von Internet und Social Media, haben das Kommunikations-, Informations- und Konsumverhalten verändert. Suchmaschinen stellen Nutzern das gesamte Internet zur Verfügung, wenn sie sich über Angebote und Produkte informieren wollen. Sie sind dazu nicht nur auf die Informationen von Unternehmen angewiesen, sondern können sich mithilfe von Suchmaschinen, Vergleichsportalen und sozialen Netzwerken eigenständig in ihrer Suche fortbewegen und ihre Kaufentscheidung auf den gefundenen Informationen aufbauen. Daneben nutzen Unternehmen genau die gleichen Suchmaschinen, Vergleichsportale und sozialen Netzwerke, um Informationen und insbesondere Werbebotschaften an ihre potenziellen Kunden auszuspielen. Die dabei entstehende Informationsüberflutung führt laut Heinrich jedoch eher zu einem Effekt der Immunisierung der Nutzer gegenüber Werbebotschaften. Nutzer haben es gelernt, Werbung einfach auszublenden oder gehen aktiv mit Ad-Blockern gegen ungewollte Werbung vor.[8]

---

8   vgl. Heinrich 2018, S. 9

Per se ist Online-Werbung, beispielsweise der Einsatz von Werbebannern, erst einmal nichts Schlechtes. Mit dem Aufmarsch von Multimedia in Form von kurzen Videos oder GIFs und dem richtigen Maß an Storytelling kann Online-Werbung zuweilen sogar recht unterhaltsam sein. Das Problem ist jedoch: Bei Online-Werbung handelt es sich um eine Push-Marketing-Maßnahme. Das bedeutet, dass dem Nutzer auf Grund seiner Zugehörigkeit zu einer bestimmten Zielgruppe oder seiner vorausgegangen Suchanfragen eine Werbung zu irgendeinem Zeitpunkt auf irgendeinem Kanal ausgespielt wird und ihn so bei seiner eigentlichen Tätigkeit unterbricht. Die Veränderung im Nutzungsverhalten der User, die Informationsüberflutung und die Anwendung von Ad-Blockern lassen reines Push-Marketing jedoch ineffektiver werden. Es sind neue Marketing-Maßnahmen nötig, die potenzielle Kunden nicht mit häufig ausgespielter Werbung, sondern mithilfe des angebotenen Mehrwerts überzeugen. Eine solche Maßnahme ist das Content-Marketing.

Microsoft-Gründer Bill Gates zeigte in seinem Essay „Content is King" schon 1996 auf, dass guter Content die Grundlage für eine erfolgreiche und umsatzgenerierende Präsenz im Internet sein kann.[9] Content-Marketing dient längst nicht mehr nur der Suchmaschinenoptimierung, sondern bietet Marken eine wirkungsvolle Alternative im Vergleich zu klassischen Werbeformaten zur Erreichung von Marketingzielen und Kundengewinnung.

Definition Content-Marketing

Beim Content-Marketing handelt es sich um eine zielgerichtete Marketingdisziplin, die als Teil des Inbound Marketings (Marketingstrategie, bei der die eigenen Inhalte von Nutzern gefunden werden und diese überzeugen) verstanden werden kann. Im Vordergrund steht dabei der für die Zielgruppe geschaffene Nutzen durch die Bereitstellung von inhaltlichem Mehrwert.[10] Nicht der Verkauf eines Produktes, sondern die inhaltliche Aufbereitung von Mehrwert steht im Fokus. So wird das Interesse der Nutzer an verschiedenen Touchpoints der Customer Journey geweckt und Vertrauen zu potenziellen Kunden aufgebaut. Erforderlich dazu ist die Nutzung zielgruppenrelevanter Kanäle.[11]

---

9   vgl. Gates 1996 zit. nach Evans 2017
10   vgl. Hagen / Münzer 2019, S. 8
11   vgl. ebd., S. 8f

Beim Content-Marketing geht es um die Bereitstellung holistischer Inhalte, also Inhalte, die sich ausführlich und detailliert mit einem Thema befassen. Content-Marketing gehört zum Pull-Marketing. Im Gegensatz zum Push-Marketing zielt das Pull-Marketing darauf ab, Nutzern inhaltlichen Mehrwert zur Verfügung zu stellen. Dieser soll Nutzer überzeugen, sich intrinsisch weiter mit dem zusätzlichen Content- und Produkt-Angebot einer Marke beschäftigen zu wollen.

Im Rahmen einer Content-Marketing-Strategie versuchen Marken, ihre potenziellen Kunden an den verschiedenen Touchpoints ihrer Customer Journey mit relevanten Inhalten zu versorgen. Die Bereitstellung von attraktivem Content soll das Vertrauen der Zielgruppe wecken und diese an die Marke und ihre Produktwelt binden. Ohne dem Nutzer Auf Grund seiner Zugehörigkeit zu einer Zielgruppe eine Werbebotschaft vorzusetzen werden zielgruppenrelevante Themen ausführlich behandelt. Findet der Nutzer bei seiner Suche im Internet diese bereitgestellten Inhalte des Unternehmens und befriedigen diese seine Suchintention, ist dies der erste Schritt zu einer Kundenbeziehung.

Content-Marketing bezieht sich längst nicht mehr nur auf die inhaltliche und technische Optimierung der eigenen Website, sondern vor allem auch auf die Ausspielung von Inhalten über andere zielgruppenrelevante Kanäle. Solche Kontaktpunkte, an denen potenzielle Kunden mit der eigenen Marke in Berührung kommen, können zum Beispiel auch Social-Media-Kanäle, Newsletter oder Blogs sein. Inhalte werden als informative Grafiken, emotionale Videos oder mit spannendem Storytelling aufbereitet, um das Interesse der Nutzer zu wecken. Für eine zielgerichtete Content-Marketing-Strategie ist es unerlässlich, die Zielgruppe und deren Schritte innerhalb der Customer Journey zu kennen, um sie auf den richtigen Kanälen mit den passenden Inhalten zu begleiten.

Je nach Ausspielungskanal muss das genutzte Format inhaltlich und visuell so ausgestaltet sein, dass es den Anforderungen des Kanals und der Erwartungshaltung der Nutzer dort entspricht, um Ziele nachhaltig zu erreichen. Der Kommunikationstheoretiker Marshall McLuhan stellte schon 1994 die These „the medium is the message"[12] auf. Darin argumentiert er, dass die Form, in welcher eine Botschaft transportiert wird, mehr Einfluss auf die Aufnahme des übertragenen Inhalts hat als der Inhalt selbst. Insbesondere mit dem Aufkommen sozialer Medien wird die Bedeutung

---

12   McLuhan 1994, S. 11

dieser These bestätigt. Inhalte erregen vor allem dann die Aufmerksamkeit der Nutzer, wenn das verwendete Format der Erwartungshaltung auf dem besuchten Kanal entspricht.

Content im Sinne des Content-Marketings bedeutet nicht nur Text, sondern kann jede Art von multimedialem Inhalt sein, welcher „informierend, beratend oder unterhaltend"[13] auf den Nutzer wirkt. Je nach Art der gewünschten Conversion können verschiedene Content-Formen unterstützend wirken. Inhaltlich bezieht sich der Content auf den Nutzen für den User. Je nachdem in welcher Phase der Customer Journey und an welchem Kontaktpunkt sich der Nutzer befindet, sind unterschiedliche Formate und inhaltliche Ausgestaltungen nötig.[14] Zum Beispiel eignet sich visueller, emotionaler und kurzer Content besser für Social Media, während textlich lange, informative Ratgeberartikel auf der Website platziert werden. Im sogenannten PESO-Modell sind Inhalte nach der Art der Veröffentlichung und des Ausspielungskanals wie folgt, in sich gegenseitig nicht notwendigerweise ausschließende Kategorien, zusammengefasst:

- ☐ **Paid Content**

  Bei Paid Content spricht man von Inhalten, die im Rahmen bezahlter Werbemaßnahmen veröffentlicht werden. Bezahlte Kampagnen sind für Unternehmen gut kontrollierbar. Deswegen sind sie eine beliebte Maßnahme, um Reichweite aufzubauen. Bei Paid Content ist jedoch zu beachten, dass Auf Grund des werblichen Charakters der Inhalte und der oftmals erfolgenden Kennzeichnung als Werbung Paid Content oftmals weniger glaubhaft wirkt als die nachfolgend genannten Maßnahmen.[15]

- ☐ **Earned Content**

  Unter Earned Content versteht man Inhalte, die Auf Grund ihrer ansprechenden Aufbereitung oder aussagekräftigen Botschaft, von den Nutzern selbst geteilt und verbreitet werden. „Die Zielgruppe wird dadurch zu einem eigenen Kanal und hilft Unternehmen dabei, mehr Reichweite zu generieren."[16] Diese relevanten Inhalte können, über

---

13   Hilker 2017, S. 169
14   vgl. Hagen / Münzer 2019, S. 62f
15   vgl. ebd., S. 38
16   vgl. ebd., S. 36

die richtigen Kanäle an die Zielgruppe verbreitet, Traffic-Erhöhung und Social Engagement generieren.[17]

☐ **Social Content**

Als Social Content bezeichnet man alle Inhalte, die über soziale Medien verbreitet werden. Da Social Media für viele Nutzer heutzutage als wichtige Informationsquelle dient, können Zielgruppen dort effektiv angesprochen und Reichweite generiert werden. Möglich wird mit Social Content auch eine direkte Interaktion zwischen Unternehmen und Nutzer, was in positivem Social Engagement in Form von Likes und Kommentaren resultieren kann.[18]

☐ **Owned Content**

Owned Content sind über unternehmenseigene Kanäle verbreitete Inhalte, wie Websitebeiträge, Newsletter oder Social Media. Ziel des Owned Content ist die Brand Awareness und damit einhergehend auch der Aufbau von Kundenbeziehungen. Um mit eigenen Inhalten zu überzeugen, müssen diese glaubwürdig und für den Kundennutzen gestaltet sein. Eine reine Darstellung von Produkten ist nicht im Sinne einer Content-Marketing-Strategie.[19]

Zusammenfassend ist das zugrundeliegende Konzept im Content-Marketing die Generierung von Mehrwert für die Zielgruppe über zielgruppenrelevante Kanäle. Für eine erfolgreiche Online-Marketing-Strategie lässt sich daraus ableiten, dass es nicht ausreichend ist, lediglich Werbemaßnahmen ins Internet zu setzen. Nutzer wollen nicht nur Werbung für Produkte vorgesetzt bekommen, sie wollen informative, emotionale oder unterhaltsame Inhalte konsumieren. Als Unternehmen muss man sich mit seiner Zielgruppe auseinandersetzen, ihre Bedürfnisse verstehen und erkennen auf welchen Kanälen sie sich aufhält. Versteht man die Customer Journey seiner potenziellen Kunden, eröffnet sich die Möglichkeit auf verschiedenen Plattformen bedürfnisorientiert im passenden Format für das Medium zu handeln. Überzeugen die eigenen Maßnahmen den potenziellen Kunden an den verschiedenen Berührungspunkten seiner Customer Journey, ist der Grundstein für eine erfolgreiche Kundenbeziehung gelegt. Wer Nutzer langfristig an sich binden will, muss ihnen inhaltlichen Mehrwert liefern

---

17   vgl. Hagen / Münzer 2019, S. 36
18   vgl. ebd., S. 33ff
19   vgl. ebd., S. 37

und relevante Inhalte dort ausspielen, wo potenzielle Kunden ihre Suche beginnen und fortsetzen.

Für viele Nutzer ist die Plattform Pinterest ein wichtiger Kanal bei ihrer Ideen- und Informationssuche. Die Zielgruppen verschiedener Branchen nutzen Pinterest als Recherchehilfe und Informationsquelle. Inhaltlicher Mehrwert und Inspiration stehen bei der Bilderplattform klar im Vordergrund. Auf Grund der Präsenz verschiedener Zielgruppen und die Ausrichtung der Plattform auf (visuelle) Inhalte wird Pinterest für Unternehmen zu einem interessanten Verbreitungskanal der eigenen Inhalte im Content-Marketing.

In den folgenden Kapiteln wird Pinterest und seine Funktionsweise näher vorgestellt. Neben der Diskussion, ob es sich bei der Plattform um ein soziales Netzwerk oder eine Suchmaschine handelt, werden vor allem die Vorteile für Unternehmen hervorgehoben, welche Pinterest als Instrument im Online Marketing bietet. Es wird, unterstützt durch konkrete Beispiele, aufgezeigt, warum Pinterest sehr gut zu den Bereichen Content-Marketing und E-Commerce passt und wie man beim Aufbau einer Strategie für die erfolgreiche Nutzung von Pinterest vorgeht.

2 Pinterest - Ein erster Überblick

2.1 Was ist Pinterest?

Pinterest ist eine Plattform, die 2010 von Evan Sharp, Ben Silbermann und Paul Sciarra in den USA gegründet wurde und seit 2019 an der Börse notiert ist. Der Name Pinterest ist ein Kunstwort, das sich aus den beiden englischen Begriffen „pin" (anheften) und „interest" (Interesse) zusammensetzt. Damit beschreibt der Name die Idee der Plattform: Nutzer können auf Pinterest Inhalte zu ihren Interessen finden. Diese Ideen sammeln sie in Form von sogenannten Pins auf selbsterstellten Themen-Pinnwänden. Der Fokus der Plattform liegt auf visuellen Inhalten in Form von Bildern, GIFs (animierte Bilder) und kurzen Videos. Nutzer können eigene Inhalte hochladen, Inhalte aus dem Netz speichern oder bereits auf der Plattform vorhandene Inhalte passend zu ihren Interessen über die Suchfunktion finden.

Im vierten Quartal 2019 zählte Pinterest über 300 Millionen Nutzer weltweit.[20] Neben dem sozialen Netzwerk Facebook mit 2,45 Milliarden Nutzern mag Pinterest recht überschaubar erscheinen, doch die Tendenz der monatlichen Nutzer ist steigend.[21] Detaillierte Statistiken über die Pinterest-Nutzer in Deutschland werden vom Unternehmen selbst zwar nicht veröffentlicht, laut Statista benutzten in Deutschland 2019 27 % der Internetnutzer die Plattform.[22] Pinterest kann auf dem Desktop oder als App genutzt werden. 85 % der Nutzer greifen mit ihrem Smartphone auf die Plattform zu.[23] Mehr Informationen zu den Nutzern von Pinterest und deren demografischen Merkmalen gibt es in Abschnitt 4.1.

2.2 Wie funktioniert Pinterest?

Nach diesem ersten kurzen Überblick werden im Folgenden die wichtigsten Begriffe rund um Pinterest und der Aufbau der Plattform besprochen.

---

20   vgl. Investor.pinterestinc.com 2020
21   vgl. Statista.com (b) 2020
22   vgl. Statista.com (c) 2020
23   vgl. Business.pinterest.com (a) 2020

ibungen zu Aufbau und Benutzeroberfläche von Pinterest in
sind auf dem Stand von Anfang 2020. Durch etwaige Layout-
...ungen von Pinterest kann es daher eventuell zu Abweichungen der
Darstellungen kommen.

Pinterest-Profil

Für die Verwendung von Pinterest muss sich der Nutzer ein Profil anlegen.
Pinterest bietet die Möglichkeit sowohl private als auch Unternehmenskon-
ten zu eröffnen. Die Registrierung ist für beide Arten von Konto kostenlos.
Beide Konten bieten die Möglichkeit Pinnwände anzulegen, Pins hochzuladen, diese zu Websites zu verlinken und Inhalte aus dem Internet zu
speichern. Im verifizierten Unternehmenskonto gibt es jedoch, anders als
im privaten Profil, weitere Bereiche. Im Unternehmenskonto kann auf den
Business Hub zugegriffen werden, in dem zusammengefasste Statistiken gezeigt sowie Anzeigen, also beworbene Pins, erstellt und überwacht werden
können. Des Weiteren kann im Unternehmenskonto auf Analytics-Daten
und den Ads-Manager zugegriffen werden. Und es gibt den normalen
Profilbereich, in dem sich Pinnwände und Pins befinden, wie in Abb. 2
exemplarisch am Profil der Kindergeburtstags-Marke FRECHER FRATZ
dargestellt ist. Besucht man ein verifiziertes Unternehmensprofil, können
die URL der Website, ein Beschreibungstext und die durchschnittlichen
monatlichen Besucher dieses Profils eingesehen werden.

Abb. 2 Pinterest-Profil der Marke FRECHER FRATZ
(Quelle: https://www.pinterest.de/meinfrecherfratz/)

Pins und Repins

Als Pins werden die Ideen bezeichnet, welche auf Pinterest in Form von Bildern, GIFs oder Videos gefunden werden können. Pinterest selbst beschreibt Pins als visuelle Lesezeichen für Websites im Internet, denn aus dem Internet gespeicherte Inhalte verlinken immer auf ihre Ursprungswebsite zurück. Laut einer Pinterest-Analyse wurden bis zu Ende 2019 etwa 200 Milliarden Pins auf Pinterest gespeichert.[24] Pins können entweder von Privatpersonen oder Unternehmen auf die Plattform hochgeladen und mit einer Landingpage verlinkt werden. Inhalte mit ihrem Backlink können aber auch von Nutzern direkt von Webseiten im Internet auf eine Pinnwand gespeichert werden. In Abb. 3 ist ein Pin der Marke FRECHER FRATZ gezeigt. Auf der linken Seite sieht man den Pin, wie er dem Nutzer ausgespielt wird. Die rechte Version zeigt den Pin, während der Nutzer über dem Pin „hovert", also den Mauszeiger bewegt. So erhält der Nutzer die Möglichkeit eine Pinnwand zum Merken auszuwählen, dem Pin zur Website zu folgen oder den Pin herunterzuladen beziehungsweise zu teilen.

---

24   vgl. Business.pinterest.com (a) 2020

Abb. 3 Ein Pin der Marke FRECHER FRATZ ohne und mit Hover-Effekt
(Quelle: https://www.pinterest.de/pin/677369600187030909/)

Öffnet der Nutzer Pinterest in der App oder auf dem Desktop, landet
er als erstes im sogenannten Start-Feed. Dort werden dem Nutzer Pins
vorgeschlagen, welche er über den in Abb. 3 gezeigten Merken-Button auf
eine seiner Pinnwände repinnen kann. Mit diesem Speichern eines Pins
(repinnen), teilt der Nutzer den ursprünglichen Pin wiederum mit seinen
eigenen Followern. Diese erhalten so die Möglichkeit den Pin ebenfalls zu
merken.[25] Das Repinnen generiert somit, in einer Art Empfehlungssystem,
automatisch Reichweite für den ursprünglichen Pin.

Board / Pinnwand

In seinem Profil kann sich der Pinterest-Nutzer verschiedene Boards zu
selbstgewählten Themen anlegen und dort gefundene Pins speichern. Die
Boards, auch Pinnwände genannt, können öffentlich oder geheim sein.
Innerhalb eines Boards kann ein thematisch passender Unterordner angelegt
werden. Jede Pinnwand kann mit einem Namen und einem kleinen Text
näher beschrieben werden. Zu einer Pinnwand kann der Nutzer andere
Nutzer einladen, um mit ihnen gemeinsam zu pinnen. Dieses Feature ist
besonders interessant für Unternehmen, die ihre Zielgruppe auf Pinterest

---

25   vgl. Knight 2014

aktiv ansprechen und einbinden möchten. So könnte zum Beispiel ein Reiseunternehmen seine Follower dazu einladen auf einem Board ihre Reiseziele für das nächste Jahr zu pinnen. So entsteht einerseits für die User eine Pinnwand voller Ideen und Inspiration zu verschiedenen Urlaubsorten. Andererseits erhält das Unternehmen ein aktives Board, steigert die Reichweite durch das Repinnen der Nutzer und erhält zudem viele Einblicke in die aktuellen Interessen der Zielgruppe. Mithilfe dieser Einblicke kann das Unternehmen weitere Inhalte für Website und Pinterest-Profil planen und erstellen, die bei der Zielgruppe auf Interesse stoßen.

Abb. 4 zeigt die Pinnwand zum Thema „Dschungel-Geburtstag" der Marke FRECHER FRATZ. Auf dieser Pinnwand findet der Nutzer viele Ideen und Anleitungen zum Feiern eines Dschungel-Kindergeburtstags. Hier lässt sich auch der Pin aus Abb. 3 finden.

Abb. 4 Pinnwand der Marke FRECHER FRATZ zum Thema „Dschungel Geburtstag" (Quelle: https://www.pinterest.de/meinfrecherfratz/dschungel-geburtstag/)

Follow und Follow Feed

Pinterest-Nutzer können entweder einem ganzen Profil und somit auch allen Boards dieses Profils oder selektiv nur bestimmten Themen-Boards folgen. Mit dem Folgen eines Profils, welches einer Marke oder Einzelperson gehören kann, werden dem Nutzer im sogenannten Folge-Feed oder Follow Feed die neuesten Pins des Profils angezeigt.

Start-Feed

Neben dem Folge-Feed gibt es außerdem den Start-Feed, auch Home Feed genannt. Diese Übersichtsseite voller Pins wird dem Nutzer nach dem Log-in, sowohl in der Pinterest-App als auch in der Desktop-Version angezeigt. Laut Pinterest werden im Start-Feed mithilfe des Pinterest-Algorithmus Pins anderer Profile und Marken ausgespielt, die dem Nutzer basierend auf seinen früheren Aktivitäten gefallen könnten. Auch Pins von Profilen, denen der Nutzer bereits folgt, werden hier gezeigt. Pinterest-Nutzer können hier also neue Pins zu ihren Interessen entdecken.[26]

Suchfunktion

Essenziell für die Nutzung von Pinterest ist die Suchfunktion. Diese Suchleiste bietet dem Nutzer die Möglichkeit mithilfe von Suchbegriffen Pins zu seinen Interessen zu finden. Zu seiner Suchanfrage werden dem Nutzer im Ergebnis-Feed dann passende Pins ausgespielt. Des Weiteren schlägt Pinterest dem Nutzer, ähnlich wie bei Google Suggest, weitere Keywords vor, die in Verbindung mit seinen Keywords gesucht werden. Hat ein Nutzer beispielsweise keine Idee, was er heute Abend kochen könnte, und sucht nach dem Begriff „Abendessen", schlägt ihm Pinterest noch während er das Wort eintippt, passende Suchanfragen und Nutzer zu diesem Begriff vor. Wie diese Suchhilfe funktioniert, wird in Abb. 5 exemplarisch an der Suchanfrage „Abendessen" demonstriert.

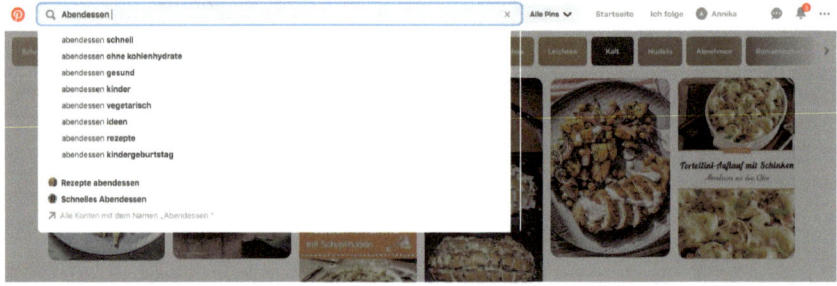

Abb. 5 Suchfunktion auf Pinterest (Quelle: https://www.pinterest.de/search/)

---

26   vgl. Help.pinterest.com (a) 2020

Diese Vorschläge zur Suchanfrage bleiben, wie in Abb. 6 gezeigt, auch auf der ausgespielten Ergebnisseite in Form von farbig hinterlegten Schlagwörtern unter der Suchleiste bestehen.

Abb. 6 Verfeinerung der Suche mithilfe der Pinterest Suchfunktion (Quelle: https://www.pinterest.de/search/)

Pinterest hilft seinen Nutzern somit, die eigene Suche von einem Punkt der Ideenlosigkeit immer weiter zu verfeinern und gibt ihnen mit weiteren Suchvorschlägen neue Ideen-Anstöße und Inspiration. Was die Suchfunktion für Unternehmen und das Hochladen ihrer Pins bedeutet, wird in Abschnitt 3.3 erläutert. Insgesamt hat der Nutzer auf Pinterest vier verschiedene Möglichkeiten, neue Ideen zu entdecken. Im Start-Feed findet der Nutzer für ihn von Pinterest als interessant eingestufte Pins. Pins von Profilen, denen er folgt, werden im Folge-Feed ausgespielt. Mithilfe der Suchleiste oder beim Besuch der Pinnwände eines Profils kann der Nutzer selbst aktiv nach Pins zu seinen Interessen suchen.

2.3 Ist Pinterest ein soziales Netzwerk?

Soziale Netzwerke sind zu einem festen Bestandteil des Marketing-Mix von Unternehmen geworden. Im Jahr 2019 lag das Hauptaugenmerk der meisten Unternehmen auf dem Netzwerk Facebook. Wie sich aus Abb. 7 ablesen lässt, nutzten im Januar 2020 94 % der weltweiten Unternehmen Facebook, gefolgt von Instagram mit 76 %. Nach LinkedIn, Twitter und Youtube lässt sich auch Pinterest in der Rangliste finden. Die Plattform wurde Anfang 2020 weltweit von 25 % der Unternehmen als Marketingkanal genutzt.[27]

---

27   vgl. Statista.com (d) 2020

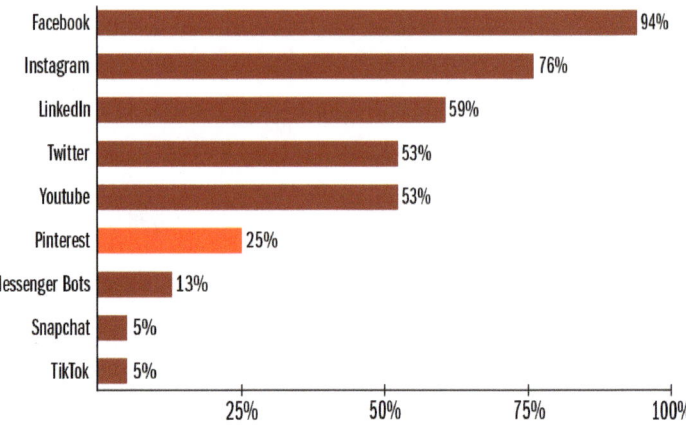

Abb. 7 Anteil der Unternehmen, die im Januar 2020 diese Social-Media-Plattformen nutzten (Quelle: eigene Darstellung nach Statista.com (d) 2020)

In der Literatur wird Pinterest oft als soziales Netzwerk bezeichnet und neben anderen sozialen Netzwerken eingeordnet. Gründer und Chief Product Officer Evan Sharp selbst bezeichnet Pinterest allerdings als Suchmaschine anstatt als soziales Netzwerk.[28] Um Pinterest im Kontext der sozialen Medien einordnen zu können, muss als erstes geklärt werden, was ein soziales Netzwerk ist.

Definition Soziales Netzwerk
Unter einem sozialen Netzwerk versteht man eine virtuelle Gemeinschaft, über welche Nutzer soziale Beziehungen aufbauen und pflegen können. Soziale Netzwerke sind meist themenbasiert und dienen dem Austausch der Nutzer, welcher durch die virtuelle Plattform weltweit sowie zeit- und ortsunabhängigen stattfinden kann.[29]

Wie Abb. 7 zeigt, sind die meistgenutzten sozialen Netzwerke für das Marketing von Unternehmen Facebook, Instagram und Twitter. Im Folgenden werden die markantesten Unterschiede besprochen, die Pinterest im Vergleich mit diesen Netzwerken aufzeigt.

---

28   vgl. Heath 2017
29   vgl. Lammenett 2017, S. 379

☐ **Unterschied 1: Die Grundidee der Plattform**

Wie in der Definition von Sozialen Netzwerken schon angesprochen, bieten diese Nutzern einen virtuellen Raum, um soziale Beziehungen zu pflegen, sich themenbasiert auszutauschen oder sich selbst darzustellen. Die Währung sozialer Netzwerke, wie Facebook oder Instagram, sind Likes und Kommentare. Anders ist es bei Pinterest. Die Grundidee dieser Plattform ist nicht der Aufbau sozialer Beziehungen oder die Selbstdarstellung von Nutzern. Vielmehr sollen Nutzer auf Pinterest Inspiration und Ideen zu ihren Interessen finden. Das bestätigt auch der Pinterest-CEO Ben Silbermann:

„When we talk to people about Pinterest we often describe it as not a social network. (...) Social networks are about communicating with other people. Pinterest is really about planning and getting ideas for your own personal life. (...) With social networks, it's them time. With Pinterest, it's me time." [30]

Mit diesem Konzept der „Me-Time" hebt sich Pinterest vollkommen von den bekannten sozialen Netzwerken ab, bei denen der soziale Austausch unter Freunden oder auch themenbasiert unter Unbekannten im Vordergrund steht. Zwar gibt es auf Pinterest auch eine Kommentar- und Chatfunktion und auf Gruppenboards kann gemeinsam thematisch gepinnt werden, doch sind diese Funktionen untergeordnet zu Start-Feed und Suchfunktion als Inspirationsquelle.

☐ **Unterschied 2: Langlebigkeit der Inhalte**

Im Gegensatz zu anderen sozialen Netzwerken ist der auf Pinterest publizierte Content sehr viel langlebiger. Bei Facebook erfolgen 50 % der Interaktionen innerhalb der ersten 90 Minuten.[31] Der Erfolg eines Pins hingegen wird oft erst nach drei bis sechs Monaten ersichtlich.[32] Auf Pinterest hochgeladener Content bringt so auch nach längerem Zeitraum noch Besucher auf die verlinkte Website. Da Pinterest nicht in Echtzeit funktioniert, ist es zum Beispiel auch nicht die richtige Plattform für Nachrichtendienste.

---

30   Martinson 2016
31   vgl. Firsching 2013
32   vgl. Grabs / Bannour / Vogl 2018, S. 326

☐ **Unterschied 3: Keine Dialogplattform**
Pinterest ist keine Plattform, die Unternehmen dialogorientierte Kommunikationsmöglichkeiten mit ihrer Community bietet, etwa im Sinne eines schnellen Kundenservice, wie es zum Beispiel Twitter oder Instagram vermag. Pins erreichen aufgrund der Funktionsweise des Pinterest-Algorithmus die Nutzer nicht in Echtzeit, wie es zum Beispiel bei Tweets oder Instagram-Stories der Fall ist. Trotzdem können Nutzer Pins kommentieren oder Unternehmen über die Chatfunktion kontaktieren. Eine sehr gute Möglichkeit für Unternehmen mit ihrer Community zu interagieren sind geteilte Pinnwände auf denen Follower pinnen können.

☐ **Unterschied 4: Freunde und Follower sind nicht notwendig**
Für Pinterest-Nutzer ist es nicht zwingend notwendig, Freunden oder Marken aktiv zu folgen, um einen relevanten Start-Feed ausgespielt zu bekommen. Denn der Pinterest-Algorithmus stellt dem Nutzer einen relevanten Start-Feed basierend auf vorherigen Suchanfragen und daraus resultierenden Interessen zusammen. Die Facebook-Chronik besteht z.B. hauptsächlich aus Beiträgen von Freunden oder Seiten, denen der Nutzer folgt. Folgt ein Nutzer auf Pinterest anderen Nutzern oder Marken, kann er sich im Follow Feed die neusten Pins dieser Profile ansehen. Mit dem Follow Feed geht Pinterest einen kleinen Schritt in die Richtung soziales Netzwerk und gibt die Möglichkeit Aktivitäten von Freunden zu verfolgen.

☐ **Unterschied 5: Pinterest Boards erscheinen in der Google-Suche**
Ein interessanter Unterschied zu den bekannten sozialen Netzwerken ist die Tatsache, dass Pinterest Boards in der Google-Suche erscheinen. Facebook oder Instagram-Beiträge erscheinen so gut wie nie auf einer der vorderen Google SERPs (Search Engine Result Page). Pinterest Boards hingegen landen regelmäßig auf den vorderen Plätzen der Suchergebnisseiten. Dies unterstreicht noch einmal die Bedeutung von Content auf Pinterest. Inhalte stehen im Vordergrund und gute Inhalte können nicht nur innerhalb von Pinterest, sondern auch in der Google-Suche für Traffic sorgen.

☐ **Unterschied 6: Der Stellenwert von Hashtags**
Hashtags sind im Social Media Kontext nicht wegzudenken. Tweets mit Hashtags trenden besser als ohne, die perfekte Anzahl für Insta-

gram-Posts sind elf Hashtags und auch auf Facebook kann man seine Posts mit Hashtags versehen.

Bei Pinterest gab es lange keine Hashtags, und auch jetzt funktionieren Hashtags nur in Beschreibungstexten von Pins, nicht etwa in Profilbeschreibungen. Hashtags unter Pins sind anklickbar, sodass man beim Klick eine Ergebnisseite ausgespielt bekommt, die Pins mit dem gleichen Hashtag anzeigt. Laut Pinterest zeigt die Ergebnisseite bei der Suche nach einem Hashtag die neuesten Pins zu diesem Hashtag an. Die Verwendung von Hashtags kann sich also dann lohnen, wenn der Pin aktuelle Themen zeigt, wie z. B. zeitbeschränkte Gewinnspiele.[33]

☐ **Unterschied 7: Pinterest und E-Commerce lassen sich gut verbinden**

Auf Instagram gibt es für Unternehmen zwar die Möglichkeit mit Instagram Shopping ihre Produkte in Posts und Stories direkt zu verlinken, jedoch nutzen lediglich 12 % der User Instagram, um neue Produkte zu finden oder um über die Plattform einzukaufen.[34]

Anders sieht es bei Pinterest aus. Nutzer verwenden die Plattform aktiv, um Einkäufe zu planen. Pinterest gibt an, dass 83 % der wöchentlichen Nutzer etwas gekauft haben, das auf Pins basiert, die sie von Marken gesehen haben.[35] Unternehmen können für diese kauffreudigen Nutzer Product-Pins und Shop-the-Look-Pins bereitstellen (alle Pin-Arten werden in Kapitel 6.1 erklärt). Mit diesen Pins erhalten Nutzer mehr Informationen zu Produkten und werden direkt zum Online-Shop der Marke weitergeleitet.

Nach diesem kurzen Vergleich von Pinterest mit den Merkmalen sozialer Netzwerke wird klar, dass Pinterest große Unterschiede aufweist. Neben der Grundidee, nicht Selbstdarstellungsplattform, sondern Raum für die Inspiration von Nutzern zu sein, hebt sich Pinterest auch mit vielen weiteren Eigenschaften von den klassischen sozialen Netzwerken ab. Vor allem die Tatsache, dass keine Freunde oder Follower notwendig sind, um ein interessantes Profil auf Pinterest aufzubauen, ist hier aussagekräftig. Pinterest ist

---

33   vgl. Help.pinterest.com (b) 2020
34   vgl. Price 2020
35   vgl. Business.pinterest.com (b) 2020

kein soziales Netzwerk, sondern vielmehr eine visuelle Suchmaschine, die auf der Verschlagwortung von Inhalten basiert.

2.4 Warum ist Pinterest für Marken interessant?

Nach diesen Überlegungen stellt sich die Frage, wie eine Plattform, die sich der Ideengebung und Inspiration von Menschen verschrieben hat, als Marketingkanal genutzt werden kann. Wie vorher aufgezeigt, scheint es, als wäre Pinterest für das Marketing von Unternehmen relativ uninteressant, schließlich nutzen es nur 25 % der Unternehmen weltweit. Das liegt jedoch vor allem daran, dass Pinterest als Marketingkanal unterschätzt wird. Fälschlicherweise wird oft angenommen, dass Pinterest eine Freizeitbeschäftigung für kreative DIY-Mütter ist. Dabei waren in Deutschland 2017 die 14- bis 19-Jährigen die stärkste Nutzergruppe. Pinterest hat sich in den letzten Jahren unbeachtet zur stärksten visuellen Suchmaschine entwickelt.

Die Plattform ist nicht nur eine enorme organische Traffic-Quelle, sondern stellt gleichzeitig auch einen Ausgangspunkt von Produktrecherchen der Nutzer dar. 72 % der Pinterest-Nutzer geben an, die Plattform helfe ihnen dabei neue Ideen für ihr alltägliches Leben zu finden.[36]

Pinterest-Nutzer sind nicht auf der Plattform, um sich selbst darzustellen oder um Erlebnisse zu posten, die sie mit Freunden teilen wollen, sondern um Ideen zu finden und vorauszuplanen. Genau in dieser Zukunftsplanung steckt das Potenzial von Pinterest suchende Nutzer zu kaufenden Kunden zu konvertieren. Für Unternehmen spielt gerade diese Nutzungsintention der Pinterest-Nutzer eine entscheidende Rolle. Denn auf anderen Social-Media-Kanälen können sie ihre Produkte lediglich mit Anzeigen an Nutzer ausspielen, die zur eigenen Zielgruppe passen. Auf Pinterest suchen die Nutzer hingegen aktiv. Mit der bereits angesprochenen „Me-Time", die Nutzer auf Pinterest zum Ideensammeln erleben, ergibt sich für Unternehmen eine neue Möglichkeit, Nutzer in verschiedenen Phasen ihrer Customer Journey zu erreichen. Denn diese planen mit Pinterest nicht nur wichtige Momente ihres Lebens wie Hochzeiten oder Geburtstage, sondern auch Alltagsinvestitionen und Käufe wie Einrichtungsgegenstände oder Kleidungstücke. 89 % der US-Pinner nutzen die Plattform als Inspirationsquelle und Vorbereitung

---

36   vgl. Business.pinterest.com (c) 2020

für Produktkäufe.[37] Stellen Unternehmen Nutzern für ihre Inspirationssuche relevante Inhalte auf Pinterest zur Verfügung, können sie so den Entscheidungsprozess der Nutzer beeinflussen und Aufmerksamkeit für die eigene Marke und das Inhalte- und Produktangebot schaffen.

Neben der Kauffreudigkeit der Zielgruppe ist es auch ihre stetig wachsende Größe, welche die Pinterest-Community für Marketer interessant macht. Weltweit nutzen über 300 Millionen Menschen die visuelle Suchmaschine. Wie genau die Zielgruppe auf Pinterest aussieht, wird in Abschnitt 4.1 besprochen. Es sei aber vorweggenommen, dass Unternehmen verschiedenster Branchen auf Pinterest ihre Zielgruppe finden können.

Aufgrund der großen Zielgruppe auf Pinterest und wegen des grundlegenden Prinzips des Repinnens ist Pinterest eine wertvolle Quelle für organischen Traffic. Veröffentlichte Pins werden von Nutzern gemerkt und somit deren Followern angezeigt, welche den Pin dann auch wieder merken können. Ist der Pin ansprechend gestaltet oder verfügt über ein animierendes Call-to-Action-Element, wie zum Beispiel einen Button, ist die Wahrscheinlichkeit groß, dass viele Nutzer dem Pin auf die dahinterliegende Website folgen. Laut Pinterest klicken sich 70 % der Nutzer von einem Pin weiter.[38] So entsteht wertvoller Website-Traffic, da die Nutzer ein hohes Involvement mit dem Inhalt aufweisen. Wird dieser angeschnittene Inhalt ausführlich auf der Website behandelt, erfüllt sich die Erwartungshaltung des Nutzers. Der dadurch entstehende organische Traffic wird durch die Tatsache unterstützt, dass Pins mithilfe von Keywordoptimierung langlebig für die Suche der Nutzer zugänglich gemacht werden.

Bleibt noch die Frage offen, für welche Unternehmen sich Pinterest lohnt. Zuerst einmal kann gesagt sein, dass jedes Unternehmen, welches auf Pinterest eine Zielgruppe hat (und sei es nur eine Nische) und über guten Content verfügt, auf der Plattform erfolgreich sein kann. Pinterest basiert eindeutig auf hochwertigen Inhalten. Das bedeutet, eine Content-Marketing-Strategie lässt sich sehr gut mit Pinterest verbinden. Zu Blogartikeln können hilfreiche, interessante oder unterhaltsame Pins erstellt werden, die den Content der Website visuell widerspiegeln und so Nutzer auf die Website bringen. Neben Content-Marketing lässt sich Pinterest auch sehr gut mit einer E-Commerce-Strategie verknüpfen, denn Kaufkraft und Interesse an Produkten ist auf der Plattform vorhanden.

---

37   vgl. Cover 2020
38   vgl. Business.pinterest.com (c) 2020

Laut Grabs et. al. wird die Mehrheit der auf Pinterest existierenden Pins von professioneller Seite, wie Marken oder Verlage veröffentlicht.[39]. Erstaunlich ist, dass 97 % der Top-Suchanfragen auf Pinterest „unbranded" sind.[40] Nutzer würden also z. B. nach dem Suchbegriff „rote Schuhe" und nicht nach „rote Schuhe Adidas" suchen. Trotzdem haben 66 % der Pinner, die Pins von Marken gesehen haben, als Resultat einen Kauf getätigt.[41] Das bedeutet, dass Pinterest-Nutzer bei ihrer Suche nach Ideen für verschiedene Lebensbereichen nicht bestimmte Marken oder Produkte bestimmter Marken vor Augen haben. Stoßen die Nutzer jedoch bei ihrer Suche auf hochwertigen Content von Marken, der ihnen weiterhilft, sind sie nicht abgeneigt, das weiterführende Inhaltsangebot der Marke und ihre Produkte näher anzuschauen.

Da auf Pinterest hochwertiger, ästhetischer Content sehr gut funktioniert, produzieren Marken genau solchen. Oft steht bei diesen Inhalten nicht die Marke oder das Produkt selbst im Vordergrund, sondern der Mehrwert für den Nutzer. So kommt es dazu, dass Pinterest eine hohe Conversion-Rate aufweisen kann, obwohl der Großteil der Suchanfragen unbranded abläuft. Gleichzeitig bedeutet die Vernachlässigung von Markennamen bei der Suche von Nutzern, dass auch kleinere Unternehmen und Marken die Chance haben Nutzer mit ihrem Content erfolgreich zu erreichen.

Da sich auf Pinterest unterschiedliche Zielgruppen in unterschiedlichen Phasen ihrer Suche bewegen, lassen sich dort auch verschiedene Marketingziele mit organischen und bezahlten Werbemaßnahmen verfolgen. Grundlage für die Erreichung der gesetzten Marketingziele mit Pinterest ist die Ausarbeitung einer Strategie. Dabei ist es für Unternehmen ausschlaggebend ihre Zielgruppe und deren Nutzungsintentionen auf Pinterest zu kennen. Darauf lässt sich eine konkrete Strategie zur Nutzung von Pinterest aufbauen. Die dabei erreichbaren Marketingziele sind in Tab. 1: Marketingziele auf Pinterest dargestellt.

---

39   vgl. Grabs / Bannour / Vogl 2018, S. 325
40   vgl. Business.pinterest.com 2017
41   vgl. Business.pinterest.com (d) 2020

Ziel	Beschreibung
Reichweite	Aufbau/Ausbau einer Audience auf Pinterest
Traffic	Aufbau/Ausbau des Referral-Traffics von Pinterest auf die eigene Website
Brand Awareness	Aufbau/Ausbau der eigenen Markenbekanntheit und Etablierung des eigenen „Expertenstatus" auf Pinterest
Neukundengewinnung	Erschließung neuer Zielgruppen und Gewinnung von neuen Kunden auf Pinterest
Conversions	Konvertierung der gewonnenen Aufmerksamkeit der Nutzer auf Pinterest in Leads, Sales oder sonstige Aktionen

Tab. 1: Marketingziele auf Pinterest

Telefon-Interview mit Franziska von Lienen von SKANA MEDIA

Franziska von Lienen und Natalie Stark sind die Gründerinnen von SKANA MEDIA – einer Pinterest-Marketingagentur, die Unternehmen und Selbstständige aus verschiedenen Branchen beim strategischen Marketing auf Pinterest unterstützt.

Franziska, wie habt ihr euch dazu entschieden eine Agentur speziell für Pinterest-Marketing zu gründen?

Im Prinzip muss ich da mit der Geschichte von Natalie anfangen. Wir haben uns 2018 in einem Pinterest-Workshop auf Bali kennengelernt. Natalie hat damals als Freelancerin gearbeitet und sich zu dem Zeitpunkt schon auf Pinterest-Marketing spezialisiert. Zuvor hat sie Social-Media-Management angeboten. Im schnelllebigen Online-Marketing ist es aber immer eine Herausforderung alle Plattformen gleichzeitig zu bedienen und für alles auf dem neusten Stand zu sein. Bei einem Vortrag von Reisebloggern, die über 30 % ihres Gesamttraffics nur mit Pinterest erzielten, hat es dann bei Natalie „Klick gemacht". Sie fand, dass Pinterest sehr spannend klang und hat das mit bestehenden Kunden einfach mal getestet. Das war dann so erfolgreich, dass sie sich voll auf Pinterest konzentriert hat.

Bei mir war es ähnlich, ich hatte auch ein Praktikum im Social-Media-Management gemacht und habe Natalie dann beim Pinterest-Workshop kennengelernt. Facebook und Instagram konnte ich mir langfristig nicht vorstellen, da mir die Plattformen vom Grundgedanken und der Betreuung nicht so gut gefallen haben. Pinterest war mir als Marketingkanal vorher gar nicht bekannt. Ich hab Pinterest privat geliebt und ganz viel genutzt, wusste aber nicht, dass man das auch als Marketingplattform nutzen kann. Der Wert von Pinterest als Marketingkanal ist mir dann durch Natalies Workshop klar geworden, anhand der Beispiele, die sie da gezeigt hat. Und auch die Betreuung, das Management und die Ansprache ist ja auf Pinterest ganz anders als bei Instagram und Facebook. Es geht darum, den Leuten Mehrwert zu bieten, sie zu inspirieren, und nicht um Selbstdarstellung. Natalie hat mich quasi so auf die Idee gebracht. Wir haben angefangen zusammen zu arbeiten und haben dann SKANA MEDIA gegründet und spezialisieren uns seither rund um Pinterest-Marketing.

In welchen Bereichen unterstützt SKANA MEDIA Unternehmen mit ihrem Pinterest-Marketing?

Wir machen eigentlich fast alles rund um Pinterest. Von der Strategieentwicklung bis zum Account-Management. Das ist wirklich rundum sorglos, wir kümmern uns um alles. Wir geben auch Inhouse-Workshops, gerade auch Strategie Workshops oder wir bilden die Mitarbeiter der Unternehmen für das Account Management aus. Wir haben auch ein Coaching und Mentoring-Programm, wo wir die Unternehmen langfristig betreuen und aktuell auch ein Gruppen-Coaching. Das ist eher an Einzelpersonen, Einzelunternehmer gerichtet, wie Blogger, Selbstständige etc. Wir bauen mit ihnen gemeinsam ihr Profil auf, entwickeln die Strategie und automatisieren den Content. Unser Angebot hat sich Auf Grund der Bedürfnisse unserer Kunden entwickelt, um bestmöglich unterstützen zu können. Wir haben auch mal überlegt, das Account-Management zu reduzieren, aber es wird tatsächlich einfach gut nachgefragt, weil viele Unternehmen das am liebsten komplett auslagern.

Welche Vorteile bietet Pinterest für Unternehmen?
Im Vergleich zu Google erreicht man die Nutzer durch das Visuelle bei Pinterest natürlich emotionaler. Außerdem geht es im Vergleich zu Instagram nicht um Selfies oder Selbstdarstellung, es wird keine Zeit im Feed „verdödelt". Auf Pinterest suchen die Nutzer nach etwas. Sie möchten Mehrwert haben, sie möchten eine Lösung haben und etwas lernen. Das alles finden die Nutzer bei Pinterest. Aus Unternehmenssicht ist natürlich ein großer Vorteil, dass die Posts viel länger aktuell sind. Die Halbwertszeit eines Pins beträgt durchschnittlich 4 Monate. Bei Facebook liegt dieser Wert bei 90 Minuten, bei Twitter sind es 24 Minuten. Pinterest ist ein Traffic Booster, bei dem man teilweise noch richtig viel Traffic über einen Pin bekommt, der schon ein oder zwei Jahre alt ist. Bei Pinterest ist auch kaum Community Management nötig, kaum jemand nutzt Kommentare und dementsprechend ist es ein pflegeleichter Kanal. Man kann Inhalte sehr gut vorausplanen zum Beispiel für die nächsten zwei bis drei Monate und Evergreen-Content spielen. Pinner sind Planer. Man kann sie sehr früh in der Customer Journey, in der Inspirationsphase, erreichen. Das schafft man auch auf keiner anderen Plattform. Gleichzeitig gibt es auch Nutzer, die sehr weit in der Customer Journey sind und die Suchfunktion nutzen, um für sie interessante Produkte zu finden. Auf Pinterest kann man also die Nutzer sowohl zu Beginn als auch am Ende der Customer Journey gut und gezielt erreichen.

Was macht aus eurer Sicht die Zielgruppe auf Pinterest aus?
Pinterest-Nutzer sind sehr offen für neue Ideen, für Inspiration. Wenn man als Nutzer am Anfang in der Inspirationsphase ist, dann ist oft noch gar keine Entscheidung getroffen. Die Nutzer sind sehr offen für neue Produkte und auch für neue Marken. Es wird bei Pinterest kaum nach Marken gesucht, sondern wirklich nach Suchbegriffen wie „Couch" oder „Tisch" und vielleicht noch eine Farbe dazu. Aber es wird nicht nach einer Marke gesucht. Dementsprechend haben auch kleinere Unternehmen, die kein starkes Branding haben, eine sehr gute Chance auf Pinterest.

Es gibt oft dieses Vorurteil, dass Pinterest nur für die Branchen Beauty, Mode & Co. funktioniert. Gibt es aus eurer Sicht tatsächlich bestimmte Branchen, die für Pinterest besser geeignet sind?
Ja das ist tatsächlich ein sehr weit verbreitetes Vorurteil, ein Mythos, dass Pinterest nur was für Unternehmen aus bestimmten Branchen ist. Am Anfang war auch mir nicht bewusst, für wie viele Branchen es Potenzial gibt. Wir hatten zu Beginn auch überlegt, uns sogar innerhalb von Pinterest auf verschiedene Branchen, wie zum Beispiel die Reisebranche, DIY, Naturkosmetik und so weiter zu spezialisieren. Das haben wir dann aber zum Glück nicht gemacht, weil auch ganz viele Anfragen aus anderen Branchen kamen und wir diese ausprobiert haben. In manchen Nischen waren wir uns gar nicht sicher, wie gut das wirklich funktioniert, weil es da manchmal im deutschsprachigen Raum auch gar nicht so viel dazu gab. Unser Learning ist jetzt, dass vor allem einerseits die DIY, „Mutti-Themen" und so weiter, aber auch viele Nischenthemen sehr gut auf Pinterest funktionieren. Wir haben zum Beispiel für einen Finanzblog ein Pinterest-Profil gestartet zum Thema „Sparen", „Spartipps", „Geldanlagen" und das ist extrem stark. Dann hatten wir aus dem Beauty-Bereich einen Blog für Locken: Tipps für bessere und schönere Locken was als Nischenthema extrem gut funktioniert. Oder generell noch das Thema „Coaches", Marketingtipps, wie ich meine Selbstständigkeit aufbaue, wie ich als Mutter von zuhause arbeite, wie ich ein passives Einkommen aufbaue oder online Geld verdiene. Es ist eigentlich für fast jeden Platz, es sei denn, es geht wirklich zu sehr in den B2B-Bereich, das ist auf Pinterest schwieriger. Wenn das Produkt zum Beispiel ganz bestimmte Softwares sind, die eher an Großkunden gehen, das sehe ich als schwierig an. Sonst kann man aber fast alles auf Pinterest sehr gut bespielen.

Welche Werbeziele können Unternehmen auf Pinterest erreichen?
Wir sind ein extremer Fan von organischem Traffic auf Pinterest. Das ist das, womit wir angefangen haben, weil es die Ads ja erst seit einem Jahr gibt. Aber auch jetzt sind wir immer noch „Team organischer Traffic". Man kann die beiden natürlich aber auch sehr gut verbinden. Wenn man organisch sieht, dass ein Thema gut funktioniert, kann man das noch weiter pushen indem man Werbeanzeigen schaltet. Auch

Reichweite funktioniert immer sehr gut, man erreicht bei Pinterest schon sehr viele Impressionen. Dafür ist ein gutes Branding der Pins besonders wichtig, sonst bringt die Reichweite nichts. Die Pins müssen auch für SEO optimiert sein. Daneben ist es auch sehr gut möglich, Klicks zu generieren und auch Merken-Aktionen, wobei diese oft eher im Hintergrund stehen.

Man kann also Inspiration, Impression, Website-Traffic generieren und dann auch Conversions. Dafür ist aber die Website-Optimierung ein ganz wichtiges Thema, welches viele leider, leider unterschätzen. Pinterest kann ganz viel Traffic generieren, aber was danach passiert hängt damit zusammen, wie die Website gestaltet ist. Da muss man sich vorher natürlich auch überlegen, welches Ziel man mit diesem Traffic verfolgt, wo man den Traffic hinlenken möchte. Man kann generell schon sagen, dass bei Pinterest Werbeanzeigen im Vergleich zu anderen Kanälen etwas Conversion-schwächer sind. Dafür kann man aber natürlich eine neue Zielgruppe ansprechen. Eine kalte Zielgruppe, die man dann warm machen kann, zum Beispiel mit einem Newsletter oder durch Retargeting. Unserer Erfahrung nach konvertieren die Leute sogar mehr, wenn sie erstmal auf einen Blogartikel mit Mehrwert und von dort in den Shop geschickt werden. Oder in den Newsletter und von dort aus dann die Produkte beworben werden. Es kommt ein bisschen auf die Branche drauf an, aber das gefällt den Pinterest-Nutzern in der Regel besser.

Wie wichtig ist es aus eurer Sicht, mit einer konkreten Strategie für Pinterest zu arbeiten?
Eine Strategie ist aus unserer Sicht sehr, sehr wichtig. Vor allem, dass man sich das zu Beginn bewusst macht. Aus einem Gefühl heraus zu starten macht meistens sehr wenig Sinn. Bei uns ist Schritt eins immer die Strategie und die Positionierung, zu überlegen, welche Ziele überhaupt mit Pinterest erreicht werden sollen. Welche Zielgruppe soll angesprochen werden und wonach sucht diese Zielgruppe auf Pinterest? Unterscheidet sich meine Zielgruppe hier auch im Vergleich zu anderen Plattformen? Im nächsten Schritt überlegen wir, in welcher Themenwelt wir uns befinden. Mit welchen Pinnwänden starten wir? Es muss ein Match geben zwischen den Pinnwänden, also Themen, die meine Zielgruppe interessieren, und den Themen auf meiner Website. Es

macht Sinn, mit mehreren Pinnwänden zu starten, um alle Themen abzudecken, die gefragt sind und um später Zeit zu sparen. Denn wenn man nur drei Pinnwände hat, dann braucht man später viel mehr Zeit, als wenn man 20 Pinnwände hat. Zur Strategie gehört auch, dass man nicht alles auf einmal hochlädt, sondern am besten Tailwind nutzt, um kontinuierlich Pins zu pinnen.

In der Literatur wird oft diskutiert, ob Pinterest soziales Netzwerk oder Suchmaschine ist. Wie würdet ihr Pinterest definieren?

Definitiv Suchmaschine. Wenn man den Traffic von Pinterest analysiert, sieht man, dass die Nutzer mehrheitlich aus dem Suchfeed kommen und nicht vom Home Feed oder Follow Feed. Weil Pinterest oft als soziales Netzwerk eingeordnet wird, denken sich glaube ich auch viele Unternehmen: „Naja noch ein soziales Netzwerk, wir haben ja genug zu tun und wieso sollten wir jetzt auch noch Pinterest haben." Aber es ist eine komplett andere Plattform, die anders funktioniert und andere Leute erreicht.

Was ist aus eurer Sicht das Wichtigste, was man wissen sollte, wenn man mit Pinterest anfängt?

Wichtig ist bei Pinterest, sich immer ein genaues Bild von der Zielgruppe zu machen. Sich wirklich hineinzuversetzen und sich zu überlegen, welche Bedürfnisse und Interessen hat meine Zielgruppe und darauf den Content anzupassen. Bei Pinterest lege ich wirklich den Fokus darauf, Mehrwert zu bieten. Man kann das später auch sehr gut mit Pinterest Analytics auswerten, welcher Content am besten funktioniert hat. Und auch, was von fremden Inhalten sehr gut funktioniert, also Repins. Das ist eine sehr gute Inspiration für die Content-Planung auch für neue Blog-Artikel.

Learnings zu Kapitel 2

- ☐ Pinterest ist eine Plattform auf der Nutzer **Ideen** und **Inspiration** in Form von Pins finden und thematisch auf Boards sammeln können
- ☐ Pins können **Bilder**, kurze **Videos** oder **GIFs** sein
- ☐ Die Nutzeroberfläche besteht aus Start-Feed, Suchfunktion, Follow Feed und dem Profilbereich mit Pinnwänden
- ☐ Ende 2019 gab es **300 Millionen** Pinterest-Nutzer weltweit
- ☐ In Deutschland nutzen 27 % der Internetnutzer Pinterest
- ☐ 85 % der weltweiten Nutzer greifen **mobil** auf Pinterest zu
- ☐ Pinterest ist kein soziales Netzwerk, sondern **visuelle Suchmaschine**
- ☐ Pinterest ist nicht auf sozialen Austausch, sondern auf die Inspiration der Nutzer ausgerichtet (Pinterest ist **keine Dialogplattform**)
- ☐ Follower und Freunde spielen keine übergeordnete Rolle
- ☐ Inhalte auf Pinterest sind **langlebig**
- ☐ Pinterest Boards erscheinen in der Google-Suche
- ☐ Anfang 2020 nutzten **25 % der weltweiten Unternehmen** Pinterest als Marketingkanal
- ☐ Pinterest-Nutzer suchen aktiv nach Ideen und Produkten
- ☐ 97 % der Suchanfragen auf Pinterest sind **„unbranded"**
- ☐ Pinterest ist eine wertvolle Quelle für **organischen Traffic**
- ☐ Auf Pinterest lassen sich die Marketingziele **Reichweite**, **Traffic**, **Brand Awareness**, **Neukundengewinnung** und **Conversions** verfolgen

3 Pinterest – Die visuelle Suchmaschine

Wie im vorherigen Kapitel bereits aufgezeigt, weist Pinterest viele Unterschiede zu sozialen Netzwerken auf. Nicht Selbstdarstellung, sondern die Inspiration der Nutzer steht im Vordergrund. Auch Pinterest-CEO Ben Silbermann bestätigt, wie schon sein Kollege und Mitbegründer Evan Sharp, dass Pinterest kein soziales Netzwerk ist, sondern eine visuelle Suchmaschine:

> „Wichtig ist, dass unsere Seite kein soziales Netzwerk ist – das höre ich so oft! Seiten wie Facebook möchten, dass wir Zeit mit ihnen verbringen, indem wir etwa mit unseren Freunden kommunizieren. Uns geht es darum, die Menschen zu inspirieren […] wir nennen es lieber „visuelle Suchmaschine" […]".[42]

Im folgenden Kapitel wird dargelegt, wie genau Pinterest als visuelle Suchmaschine funktioniert. Erklärt wird dabei, wie der Algorithmus Interessen und Pins einander zuordnet und Pins an Nutzer mit der höchsten Affinität zu einem Thema ausspielt. Außerdem erfolgt ein Vergleich der beiden Suchmaschinen Google und Pinterest. Um eine gute Pinterest-Strategie entwickeln zu können, ist es wichtig, die Plattform und ihren Algorithmus auch von der technischen Seite zu verstehen. Die Funktionsweise des Pinterest-Algorithmus wird nachfolgend schrittweise erklärt. Zum grundlegenden Verständnis wird zunächst der Begriff Keyword definiert, denn die Suchmaschinen Google und Pinterest funktionieren jeweils keywordbasiert.

Definition Keyword
Bei Keywords handelt es sich um Suchbegriffe oder Schlüsselwörter mit denen Nutzer in Suchmaschinen nach dort indexierten Inhalten suchen. Dabei kann es sich um generische Short Tail Keywords (z. B. rote Schuhe) oder auch um spezifischere Long Tail Keywords (z. B. rote Schuhe aus veganem Leder) handeln. Basierend auf den verwendeten Keywords, kann die Suchmaschine eine relevante Ergebnisseite für die Suchanfrage des Nutzers zusammenstellen.[43]

---

42   vgl. Eube 2015
43   vgl. Ryte.com (b) 2019

Auch in Pinterest basiert die Ausspielung von Pins an den Nutzer auf Keywords und den Interessenskategorien, welche den Pins anhand der Keywords und dem Bild zugeordnet werden. Zudem sind weitere Ranking-faktoren für die Platzierung im Suchergebnisfeed relevant, welche in Abschnitt 3.2.2 erklärt werden. Die Besonderheit der visuellen Suchmaschine Pinterest ist, dass sie Nutzern Pins nicht nur anhand ihrer Suchanfragen ausspielt, sondern im Start-Feed auch Vorschläge macht, welche Pins den Nutzern noch gefallen könnten. Pinterest möchte nicht nur Suchmaschine für aktiv suchende Nutzer sein, sondern setzt die Milliarden existierenden Inhalte auch ein, um stöbernden Nutzern einen inspirierenden Start-Feed anzubieten.

3.1 Start-Feed, Suchfunktion und Follow Feed

Das Zentrum von Pinterest bilden die Bereiche Start-Feed und Suchfunktion. Hier finden die Nutzer neue Pins und Ergebnisse zu ihren Suchanfragen. Dabei sind beide Bereiche Ausgangspunkt für Pinterest-Nutzer mit je unterschiedlichen Intentionen.

Im **Start-Feed**, auch Smart Feed, stellt der Pinterest-Algorithmus dem Nutzer Pins zusammen, die er als relevant für den Nutzer einstuft. Nutzer ohne spezifische Suchanfrage oder Suchintention können sich so ganz einfach neue Anregungen holen, neue Pins zu früher gesuchten Themen finden oder neue Themenfelder entdecken. Besonders Nutzer, welche die App zum Zeitvertreib öffnen, können über den Start-Feed mit ansprechenden Pins auf neue Themenfelder aufmerksam gemacht werden. In Bezug auf die Customer Journey ist der Start-Feed der Ort, an dem die Awareness der Nutzer für Themen oder Produkte geweckt werden kann.

Im Zuge der Covid-19-Pandemie, welche Anfang 2020 weltweit Länder betraf, fügte Pinterest dem Start-Feed einen neuen Tab hinzu. Am Osterwochenende 2020 erlebte die Plattform, die höchste Nutzeraktivität mit mehr Suchanfragen und Merkenaktionen als jemals an einem anderen Wochenende zuvor. Da viele der Nutzer–Suchanfragen sich um ähnliche Themen drehten, wie Bastelideen für Kinder oder Tipps für den Gemüseanbau zu Hause, launchte Pinterest den **Heute-Tab**. Dort finden Pinterest-Nutzer kuratierte Ideen vom Pinterest-Team und in Zukunft auch von Gastredakteuren zu aktuell beliebten Themen. So zeigt der Heute-Tab Pins, die auf aktuellen Ereignissen der Welt und auf Trends in der Suche basieren. Der Home Feed zeigt weiterhin personalisierte Empfehlungen an.[44]

Während die Nutzer im Start-Feed Ideen vorgeschlagen bekommen, suchen sie mit der **Suchfunktion** selbst aktiv nach Pins zu einer für sie relevanten Suchanfrage. Monatlich werden über die Pinterest-Suche zwei Milliarden Suchanfragen gestellt.[45] Die jeweils zu einer Nutzersuche ausgespielte Result-Page besteht aus Pins, die basierend auf Keywords zur Suchanfrage passen. Je präziser ein Pin mit Keywords und daraus resultierend mit Interessen ausgestattet wurde, desto besser kann auch die Suchanfrage des Nutzers mit passenden Pins beantwortet werden.

Eine Rolle bei der Zusammenstellung des Suchfeeds spielen auch die Rankingfaktoren in Pinterest. Ähnlich wie bei Google spielt Pinterest relevante Pins von etablierten Nutzern höher im Suchfeed aus.[46] Ordnet man den Suchfeed in die Customer Journey von Nutzern auf Pinterest ein, so ist dieser ein wichtiges Instrument in der Consideration-Phase der Customer Journey (vgl. Abschnitt 1.1). Mithilfe der Suchfunktion finden Nutzer verschiedene Pins zu ihrer Suchanfrage, können diese vergleichen und sich von einem passenden Pin auf die Website weiterklicken. Auch die Suchfunktion wurde im Zuge der Covid-19-Pandemie optimiert. Um Online-Shops zu unterstützen erhielten Nutzer die Möglichkeit, den Suchergebnisfeed nach Produkt-Pins zu filtern. Auf dieses Feature wird in Abschnitt 4.5.2 noch einmal tiefer eingegangen.

Pinterest entwickelt das Sucherlebnis der Nutzer ständig weiter. Mit der **visuellen Suchfunktion** können Nutzer einen Bereich oder ein Objekt auf einem Pin auswählen. Dazu gibt es rechts unten auf den Pins ein kleines Lupensymbol, welches einen Rahmen öffnet mit dessen Hilfe Nutzer einen bestimmten Bereich auswählen können. Sie erhalten dann von Pinterest weitere Pins ausgespielt, die das gleiche oder ein ähnliches Objekt zeigen. Dieser Suchvorgang mit der visuellen Suchfunktion ist in Abb. 8 exemplarisch gezeigt. Laut Le ist die Visual Search eines der meistgenutzten Features auf Pinterest, denn sie hilft Nutzern passende Ergebnisse zu finden, selbst wenn sie ihre Suchanfrage nicht richtig in Worte fassen können.[47] Das spielt auch eine interessante Rolle in der Customer Journey der Nutzer auf

---

44   vgl. Newsroom.pinterest.com (a) 2020
45   vgl. Vener 2018
46   vgl. Speer 2019
47   vgl. Le 2018

Pinterest. Finden Nutzer in ihrem Start-Feed einen Pin, der ein Objekt zeigt, welches ihnen gefällt, müssen sie nicht selbst mit der Suchfunktion aktiv werden und eine passende textliche Beschreibung ihrer Suchanfrage finden. Stattdessen übernimmt die Visual Search von Pinterest die Suche ähnlicher Pins und hilft dem Nutzer schneller zu einem relevanten Suchergebnis zu kommen.

Abb. 8 Exemplarischer Suchvorgang mit der visuellen Suchfunktion auf Pinterest (Quelle: Pinterest visuelle Suche)

Dabei ist auch die **Pinterest Lens** hilfreich. Mit der Funktion Pinterest Lens kann der Nutzer ein Foto von einem Objekt aus seiner Umgebung aufnehmen. Anhand des aufgenommenen Bildes stellt ihm Pinterest einen Ergebnisfeed aus ähnlichen Pins zusammen. Auch diese Funktion bietet dem Nutzer den gleichen Vorteil gegenüber der Textsuche. Er muss keine Beschreibung für sein Wunschobjekt finden, sondern kann in dem Moment, in welchem er ein interessantes Objekt sieht, Pins zu diesem über Lens finden. Dies führt dazu, dass das hohe Involvement der Nutzer zu einem Objekt sehr leicht in eine Conversion verwandelt werden kann. Sowohl mit der visuellen Suchfunktion als auch mit Pinterest Lens finden Nutzer sehr einfach sehr spezifische Suchergebnisse zu gewünschten Objekten und gelangen über die ausgespielten Pins auf die verlinkten Online-Shops. Wie Grabs et al. richtig zusammenfassen, vereinfacht die Einführung dieser Funktionen das Such- und Shopping-Erlebnis der Nutzer auf Pinterest sehr.[48]

Mittlerweile hat Pinterest auch den **Follow Feed** eingeführt. Dort finden Nutzer lediglich neue Pins von Profilen, denen sie folgen. Der Follow Feed ist in der mobilen Ansicht statt zweispaltig einspaltig gehalten und erinnert so an den Feed von Instagram. Mit dem Follow Feed implementiert Pinterest eine Funktion, welche den sozialen Aktivitäten unter Pinterest-Nutzern mehr Raum gibt.

3.2 Die Suche auf Pinterest und der zugrundeliegende Algorithmus

Nachdem es sich beim anfänglichen Start-Feed von Pinterest noch um eine chronologische Auflistung der neuesten Pins handelte, führte Pinterest 2014 den sogenannten „Smart Feed" ein, der Nutzern Pins, abgestimmt auf ihre Interessen, ausspielt. Die vom Unternehmen entwickelte Technologie, die hinter Suchfunktion und Smart Feed steckt, heißt „Taste Graph". Aus Analysen der Milliarden existierenden Pins sowie den definierten Interessenskategorien und den Interaktionen der Nutzer, schließt der Algorithmus, was Nutzern gefällt, welche Trends es gibt und wie diese miteinander verknüpft sind. Somit kann er dem einzelnen Pinterest-Nutzer aufgrund seiner Suchanfragen und den daraus verknüpften Interessen individuell passende Pins vorgeschlagen.[49]

3.2.1 Technische Funktionsweise des Taste Graph

Der Taste Graph baut auf den Komponenten Pins, Nutzer und Interessen auf. Um Pins zu verstehen, wird ihnen basierend auf Metadaten Text zugeordnet. Nutzer werden bezüglich ihrer Interessen hin untersucht und eingestuft. Wichtig ist dabei vor allem ihr Engagement mit Pins in der Vergangenheit. Pinterest hat basierend auf Nutzerbefragungen ein Ordnungssystem geschaffen, in dem alle existierenden Interessenskategorien

---

48   vgl. Grabs / Bannour / Vogl 2018, S. 331
49   vgl. Milinovich 2017

nach Ähnlichkeit zueinander und Nutzerinteraktion eingeordnet und priorisiert sind.[50] Um Nutzern zu ihren Interessen passende Pins ausspielen zu können, werden jedem auf Pinterest hochgeladenen Pin beim Upload die wichtigsten Interessenskategorien zugeordnet, mit denen sich der Pin inhaltlich auseinandersetzt. Dieser Zuordnungsprozess basiert auf Machine Learning und besteht aus drei Schritten:

- **Schritt 1: Extract**
  Im ersten Schritt werden Pins gruppiert, welche das gleiche Bild zeigen und zu einem sogenannten PinJoin zusammengefasst. Danach werden für jeden einzelnen Pin alle textlichen Aspekte herausgefiltert. Text, der mit einem Pin verknüpft ist, kann Titel, Beschreibung, Link und Link-alt-Text, Bild-Name, Board-Name, Titel der Webseite, Meta-Titel der Webseite, Metadescription und Meta Keywords sein. Laut Vinicombe wird sogar Text, der grafisch auf dem Bild selbst eingebunden ist, mit in die Analyse einbezogen.[51] Somit bezieht das System nicht nur Text mit ein, der direkt auf dem Pin zu finden ist, sondern auch Text, der in Form von Metadaten verknüpft ist.[52]

- **Schritt 2: Normalize**
  Um aus dem erkannten Text auf Interessen schließen zu können, werden die gefundenen Textbestandteile lemmatisiert. Das bedeutet, die in den Textschnipseln verwendeten Wörter werden auch mit unterschiedlicher Schreibweise auf die Grundform des Wortes reduziert. Die Wörter „gehe", „gehen" und „gegangen" werden zum Beispiel alle der Grundform „gehen" zugeordnet.[53] Die lemmatisierten Keywords werden dann mit einem Set aus Interessen abgeglichen. Dieser Schritt hilft dabei nur die relevanten Textschnipsel für die Zuordnung von Interessen einzubeziehen und Fülltext auszuschließen.

- **Schritt 3: Score**
  Im letzten Schritt werden die wichtigsten Interessen für einen PinJoin und somit auch für die Pins selbst ausgewählt. Mit aus Nutzerbefragungen gewonnenen Daten hat Pinterest ein Machine-Learning-Modell erstellt, welches Sets an Schlüsselwörtern den existierenden Interessen gewichtet zuordnet. So entsteht die Verbindung zwischen

---

50   vgl. Johnson 2017
51   vgl. Vinicombe 2019
52   vgl. Johnson 2017
53   vgl. ebd.

textlicher Komponente (Keywords) auf dem Pin und Interessen. Jedem PinJoin werden die 25 wichtigsten Interessen zugeordnet. Daraus erhält jeder Pin im Durchschnitt acht Interessen pro Sprache. Populäre Pins erhalten oft mehr Interessen.[54]

Die Funktionsweise des Taste Graphs zeigt die Bedeutung textlicher Optimierung der Pins sowie der Metadaten der verlinkten Landingpage. Mithilfe der textlichen Komponenten ordnet Pinterest hochgeladenen Pins Interessen zu. Nur so können Pins an die Nutzer mit der höchsten Affinität zum jeweiligen Interesse ausgespielt werden. Die Relevanz der organischen und Promoted Pins wird durch den Smart Feed für den Nutzer sehr hoch. Auch das Targeting für Werbung auf Pinterest kann präziser nach Affinität zu Themen ausgespielt werden. Dies wirkt sich positiv auf Click-through-Rate (CTR) und Cost-per-Click (CPC) der Werbetreibenden aus. Mittlerweile können Werbetreibende auf Pinterest auf bis zu 5.000 verschiedene Interessen abzielen, und somit einzelne Zielgruppen effektiv erreichen.[55] Auch für die Ausspielung von Pins im Suchergebnisfeed ist diese Zuordnung von Interessen Grundlage. Daneben spielen jedoch auch noch weitere Rankingfaktoren bei der Platzierung der Pins im Suchfeed der Nutzer eine Rolle.

> **Praxis-Tipp:** Um herauszufinden, ob Pinterest einen der eigenen hochgeladenen Pins so „versteht" und ausspielt, wie in der Content-Planung beabsichtigt, kann man sich den Pin im Close-up anschauen. Unter dem Pin wird der Bereich „Mehr davon" mit ähnlichen Pins zum Thema angezeigt. Entsprechen diese Pins dem eigenen Thema, wird der eigene Pin richtig ausgespielt. Gibt es sehr große Unterschiede in Bezug auf die Pin-Themen, sollte eine Optimierung der eigenen textlichen Beschreibung erfolgen.

3.2.2 Ranking-Faktoren auf Pinterest

Die Relevanz von Inhalten und deren hochwertiger, inspirierender Charakter hat oberste Priorität für Pinterest bei der Ausspielung von Pins.[56] Dementsprechend entscheidet nicht nur die Verschlagwortung von Pins und

---

54   vgl. Johnson 2017
55   vgl. ebd.
56   vgl. Business.pinterest.com (e) 2020

die Zuordnung von Interessen über ihre Ausspielung im Feed der Nutzer, sondern auch verschiedene Rankingfaktoren:

☐   Qualität der Website
☐   Qualität des Pinterest-Profils
☐   Qualität der Pins
☐   Konsistenz zwischen Pins und Website

Qualität der Website

Da Nutzer beim Klick auf einen Pin auf eine Website weitergeleitet werden, spielt die Qualität dieser Website eine bedeutende Rolle für das Ranking der Pins. Pinterest möchte seinen Nutzern qualitativen Inhalt von „Experten" in einem bestimmten Themenfeld bieten. Hier ist vor allem das Engagement der Nutzer mit Inhalten ausschlaggebend, welche von der eigenen Website gepinnt werden. Interagieren Nutzer mit diesem Content auf Pinterest, wird auch das eigene Profil mit der verknüpften Website qualitativ höher eingestuft. Weiteren Einfluss hat die Verifizierung des eigenen Profils sowie die Verwendung von Rich Pins, die mit Metainformationen der eigenen Website versehen sind.[57]

Qualität des Pinterest-Profils

Um „Expertenstatus" auf Pinterest zu erlangen ist nicht nur die eigene Website ausschlaggebend, sondern auch das eigene verifizierte Pinterest-Profil. Genauso wie der Algorithmus das Engagement mit Inhalten der Website bewertet, spielt auch das Engagement der Nutzer mit den hochgeladenen Pins eine Rolle. Mehr Interaktion bedeutet relevanten Content, der die Nutzer anspricht. In Bezug auf Relevanz ist auch die Frequenz mit der gepinnt wird wichtig. Wer regelmäßig pinnt, versorgt die Nutzer mit aktuellem Content. Daher wird auch dieser Faktor in die Bewertung eines Profils einbezogen.[58]

Qualität der Pins

Auch um die Qualität von Pins einordnen zu können ist das Engagement mit diesen ein ausschlaggebender Faktor. Je mehr Interaktion ein Pin hervorruft, desto besser wird er vom Pinterest-Algorithmus bewertet. Wie man Inhalte zur Veröffentlichung auf Pinterest plant und wie Pins gestaltet sein müssen,

---

57   vgl. Speer 2019
58   vgl. ebd.

um die Aufmerksamkeit der Nutzer zu erregen wird in Abschnitt 5.4 besprochen. Laut Speer spielt Pinterest hochgeladene Pins zuerst an die eigenen Follower aus, um zu sehen wie diese auf den Content reagieren. Ist die Interaktion hoch, gibt das den Pins noch einmal einen Push für die Platzierung in den Feeds von Nutzern mit ähnlichen Interessen wie die eigenen Follower.[59]

Konsistenz zwischen Pins und Website

Um Nutzern Pins ausspielen zu können, welche ihrer Erwartung beim Klick auf die Website entsprechen, spielt auch die Konsistenz zwischen Pin und Website eine wichtige Rolle. Dafür hat Pinterest das „cohesion signal" entwickelt, welches die Übereinstimmung von Onsite Content (verlinkte Landingpage) und Offsite Content (Pin) einstuft. Als Grundlage der Übereinstimmung werden sowohl textliche als auch Bildkomponenten untersucht. Pins mit hoher Übereinstimmung der beiden Faktoren werden besser platziert ausgespielt, um die Qualität der Feeds für den Nutzer zu erhöhen.[60] Wenn Website-Inhalte den Erwartungen der Nutzer entsprechen, ist dies wertvoller Traffic, da der Nutzer sich mit den angebotenen Inhalten auseinandersetzen möchte.

3.2.3 Visual Search und die Zukunft der Suche auf Pinterest

Für eine umfassende Betrachtung der Suche auf Pinterest wird in diesem Abschnitt das Thema **Visual Search** in Pinterest und aktuelle Weiterentwicklungen der Suchfunktion näher betrachtet. Momentan wird Visual Search, sprich bildbasierte Suche, schon in der visuellen Suchfunktion und Pinterest Lens erfolgreich auf Pinterest eingesetzt. Diese beiden Funktionen wurden in Punkt 3.1 genauer erläutert. Im Jahr 2018 wurden auf Pinterest monatlich über 600 Millionen visuelle Suchanfragen über Pinterest Lens und die visuelle Suchfunktion gestellt.[61]

Hinter diesen beiden Erweiterungen der Pinterest-Suche steckt die Visual-Search-Technologie von Pinterest, die auf bildbasierter Suche mittels Machine-Learning-Prozessen funktioniert.[62] Nutzer können dank dieser

---

59   vgl. Speer 2019
60   vgl. ebd.
61   vgl. Vener 2018
62   vgl. Zhai 2019

erweiterten Funktionen der Suche nicht nur textliche Suchanfragen stellen, sondern auch mittels gefundener oder selbst aufgenommener Bilder suchen. Pinterest vergleicht dann ein ausgewähltes Bild oder Objekt mit den 200 Milliarden existierenden Pins, um dazu passende weitere Pins zu finden.

Die größte Herausforderung bei dieser Weiterentwicklung der Suche war laut Albert Pereta, Creative Lead des Lens-Projekt, den Ergebnisfeed bei einer visuellen Suchanfrage nicht nur aus visuell übereinstimmenden Pins bestehen zu lassen, sondern vor allem auch aus weiterführenden Inhalten. Fotografiert jemand beispielsweise eine Avocado, sollen ihm nicht 100 weitere Avocado-Bilder ausgespielt werden, sondern auch Avocado-Rezepte oder Tipps zum Anpflanzen. Ziel der Integration von Visual Search war vor allem, den Nutzern anhand gesuchter Bilder oder Objekte schneller zu einem relevanten Ergebnis für ihre Suche zu bringen.[63]

Exkurs: Technische Funktionalität der Visual Search auf Pinterest

Der folgende Text beinhaltet keine notwendige Voraussetzung zum Aufbau einer Pinterest-Strategie, sondern ist optional für einen tieferen Einblick in die technischen Hintergründe der Visual Search bei Pinterest.
Laut Lynley nahm das Thema Visual Search seinen Anfang bei Pinterest in den Jahren 2013 und 2014, als die Methode Deep Learning (maschinelles Lernen basierend auf künstlichen neuronalen Netzen) den Bereich Machine Learning revolutionierte und Grafikprozessoren gleichzeitig leistungsfähiger wurden. Diese Entwicklungen und das Vorhandensein eines riesigen Datasets an Bildern auf Pinterest gaben dem Entwicklerteam die Grundlage, die Anwendung von Computer Vision in Pinterest in Betracht zu ziehen.[64] Bei Computer Vision handelt es sich um einen Teilbereich von künstlicher Intelligenz, bei dem Computer trainiert werden, visuelle Komponenten, wie Bilder oder Video, zu identifizieren, interpretieren und zu verstehen.[65] Die Integration von Computer Vision brachte 2015 die visuelle Suchfunktion und 2017 Pinterest Lens hervor.

---

63   vgl. Lynley 2017
64   vgl. ebd.
65   vgl. Sas.com 2020

Alle visuellen Erweiterungen der Pinterest-Suche basieren auf Visual Embedding und neuronalen Netzen. Beim Visual Embedding werden die Pixel eines Bildes verrechnet und auf ein paar wenige „Datenpunkte" (Merkmale) gemappt. Die Berechnungsregeln dieser Merkmale werden nicht manuell bestimmt, sondern durch ein neuronales Netz während seiner Trainingsphase. Um zu bestimmen, ob eine Merkmals-Berechnungsregel sinnvoll ist, werden in dieser Trainingsphase des neuronalen Netzes Trainingsdaten verwendet. Die Trainingsdaten sind im Fall von Pinterest die dort bereits existierenden Milliarden an verschlagworteten Pins. Bei diesen Trainingsdaten gelten Bilder (Pins) als ähnlich bei ähnlicher Verschlagwortung und als unähnlich bei unähnlicher Verschlagwortung.

Auf dieser Kontrolle basierend ist eine Merkmals-Berechnungsregel dann gut, wenn die ermittelten Merkmalsausprägungen für ähnliche Bilder (also mit ähnlicher Verschlagwortung) nah beieinander liegen. Ist die Trainingsphase beendet und stellt ein Nutzer nun eine visuelle Suchanfrage, gelten, im Gegensatz zum Training, Bilder als ähnlich bei ähnlicher Merkmalsausprägung. Die Verschlagwortung von Bildern spielt in diesem Schritt keine Rolle mehr. Sie ist üblicherweise auch nicht gegeben, da die Suchanfrage nur aus einem Bild ohne zusätzlichen textlichen Suchbegriff besteht. Konkret bedeutet das: wird eine visuelle Suchanfrage gestellt, werden die im Training erlernten Berechnungsregeln auf die Pixel angewendet und nun Bilder mit ähnlichen Merkmalsausprägungen ausgespielt.[66]

In einem weiteren Schritt zur Verbesserung der Funktion der Visual Search, soll nicht nur Ähnlichkeit, sondern auch Mehrwert für den Nutzer gewährleistet werden. Dazu wird die Interaktion der Nutzer mit den ausgespielten Pins miteinbezogen. So entsteht ein iterativer Prozess, in dem das neuronale Netzwerk die Bewertung von Merkmalen immer besser anpassen kann. Zusammenfassend ermöglicht die Integration von Visual Search auf Basis eines lernenden Systems den Pinterest-Nutzern maximal relevante Ergebnisse für ihre Suche.

---

66   vgl. Zhai 2019

Die textliche Optimierung, welche momentan noch Voraussetzung für ein erfolgreiches Ranking auf Pinterest ist, wird in Zukunft vielleicht irgendwann nicht mehr notwendig sein. Der Pinterest-Algorithmus kann mit mehr als 200 Milliarden hochgeladenen Pins sowie deren Verschlagwortung und Nutzerinteraktion auf einen riesigen Datensatz zugreifen.[67] Darauf basierend kann der Algorithmus trainiert werden, Bilder und deren Inhalte selbständig zu erkennen, sie zu gruppieren und ihnen Interessen zuzuordnen.

Laut Matthew Fong, Pinterest Tech Leader für Search Features, experimentiert das Entwicklerteam von Pinterest gerade, um die Suche von einer rein textbasierten Funktionsweise zur sogenannten **Hybrid Search** aus text- und bildbasierter Suche weiterzuentwickeln.[68] Auf Basis eines Bildes (z. B. von einem Designerstuhl) in Kombination mit einer textlichen Suchanfrage (z. B. Bücherregal, weil man ein passendes Bücherregal zu diesem Stuhl sucht), stellt Pinterest Pins von Bücherregalen zusammen, die mit dem gesuchten Stuhl zusammenpassen. Denn Pinterest will nicht nur eine Visual Search Engine, also visuelle Suchmaschine, sondern auch Visual Discovery Engine, also quasi eine visuelle Entdeckungsmaschine sein. Pinterest hilft Nutzern Ideen zu entdecken, auch wenn sie im Moment der Suchanfrage noch nicht wissen, wie genau das Ergebnis aussieht, was sie suchen oder wenn sie ihre Suchanfrage nicht präzise in Worte fassen können. Es bleibt spannend zu beobachten, wie die Hybrid Search implementiert werden wird.

Genau wie bei Google ist auch bei Pinterest **Universal Search** das übergreifende Ziel, auf welches die visuelle Suchmaschine hinarbeitet. Durch Weiterentwicklung im Bereich Machine Learning sollen die Suchergebnisse für Nutzer in Zukunft maximal personalisiert und relevant werden, mit Inhalten, deren Format genau auf die Suchintention abgestimmt ist.[69]

3.3 Suchmaschinenoptimierung auf Pinterest

Aus der Funktionsweise des Taste Graphs wird klar, dass Pinterest eine keywordbasierte Suchmaschine ist. Damit Inhalte dort die richtigen Interessenskategorien zugeordnet werden können und sie organisch sichtbar

---

67   vgl. Business.pinterest.com (a) 2020
68   vgl. Fong 2019
69   vgl. Cheng 2019

werden, ist deshalb auch Suchmaschinenoptimierung notwendig. Ähnlich wie bei der Google-Suche müssen Keywords eingesetzt werden, um Pins für die Suchfunktion und den Algorithmus tauglich zu machen. So können Pins von den Nutzern im Feed gefunden werden. Pinterest gibt an, dass die meisten Suchanfragen auf Pinterest aus einem bis drei Wörtern bestehen.[70]

Pins lassen sich an verschiedenen Stellen mit Keywords optimieren. Grabs et al. bestätigen, dass für die Sichtbarkeit des hochgeladenen Pins Titel, Beschreibung und Dateiname besonders wichtig sind. Der Titel muss für den Nutzer prägnant und aussagekräftig sein sowie die wichtigsten Keywords enthalten. Für die Auffindbarkeit ist vor allem ein keywordoptimierter Beschreibungstext wichtig. Dieser bietet zudem die Möglichkeit Mehrwert für den Nutzer textlich hervorzuheben.[71]

Suchmaschinenoptimierung für Pinterest fängt aber auf der eigenen Website an. Wenn Nutzer Bilder von einer Website pinnen, wird für den Pinterest Beschreibungstext der Alt-Text des Bildes verwendet. Beim Hoch-laden von Bildern auf die eigene Website sollte daher unbedingt auf passende „Alt-Texte" mit optimalen Keywords geachtet werden. Eine ausführliche Anleitung zu Pinterest SEO gibt es in Abschnitt 6.3.

SEO für die Suchfunktionen in Pinterest, welche auf Visual Search basieren, ist momentan für den Endanwender nicht möglich. Mehr über die technischen Hintergründe der Visual Search Technologie wurden bereits in Abschnitt 3.2.3 erläutert. Zur Entwicklung einer Marketing-Strategie auf Pinterest ist das Verstehen dieser allerdings nicht unbedingt nötig. Hierfür ist vor allem die Optimierung der Keywords, also der textlichen Komponente, wie in diesem Kapitel erklärt, wichtig.

3.4 Exkurs: Die Suchmaschinen Pinterest und Google im Vergleich

Nachdem nun klar ist, dass Pinterest genau wie Google eine Suchmaschine ist, stellt sich die Frage, inwiefern die beiden sich ähneln oder unterscheiden. Eine klare Gemeinsamkeit der beiden Suchmaschinen ist die Tatsache, dass der dahinterstehende Algorithmus keywordbasiert ist. Bei Betrachtung des Aufbaus der beiden Suchmaschinen fallen jedoch sofort Unterschiede auf.

---

70   vgl. Business.pinterest.com (f) 2020
71   vgl. Grabs / Bannour / Vogl 2018, S. 336

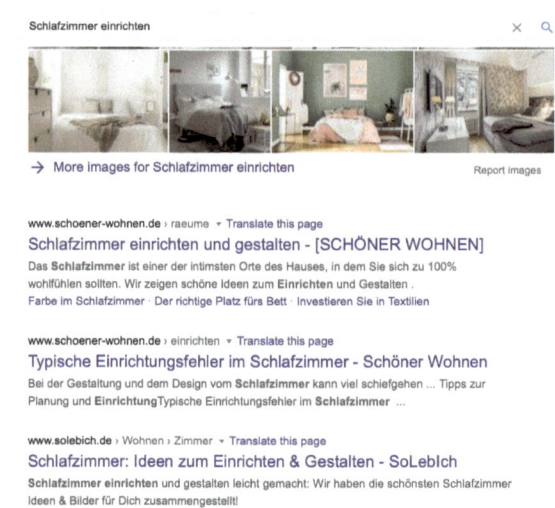

Abb. 9 Google SERP für die Suchanfrage „Schlafzimmer einrichten" (Quelle: Google. *Google and the Google logo are registered trademarks of Google LLC, used with permission.)*)

Die Search Engine Result Page (SERP) der Google-Suche ist textbasiert, die Ergebnisseite in Pinterest ist bildbasiert. Eindeutig wird dies in Abb. 9 und Abb. 10, welche beide die Ergebnisse zur Suchanfrage „Schlafzimmer einrichten" in Google und Pinterest widerspiegeln. In den letzten Jahren hat Google das Aussehen seiner SERPs immer wieder optimiert und visuelle Features hinzugefügt. So findet man zum Beispiel in manchen Metadescriptions Bilder und auch Featured Snippets und der Knowledge Graph zeigen Bilder an. Auch die Ergebnisse der Google Bildersuche und Bilder aus Google Shopping können auf Google SERPs ausgespielt werden, wie man im oberen Bereich von Abb. 9 sehen kann. Trotzdem besteht die Ergebnisseite zu einer Suchanfrage in Google primär aus Text-Snippets.

Um ein passendes Ergebnis zu seiner Suchanfrage zu finden, muss sich der User erst durch die verschiedenen textlichen Ergebnisse lesen. Anders ist es bei Pinterest, denn die Ergebnisseite dieser Suchmaschine funktioniert rein visuell. Der einzige Text, der sich in der Pinterest SERP finden lässt, ist der Titel unter dem jeweiligen Pin. Ansonsten bestehen die Pinterest-Feeds nur aus Bildern, Infografiken, GIFs und Videos. Der Vorteil für den Nutzer besteht hier in der Tatsache, dass er direkt erkennen kann, welches Ergebnis seiner Erwartung für diese Suchanfrage entspricht.

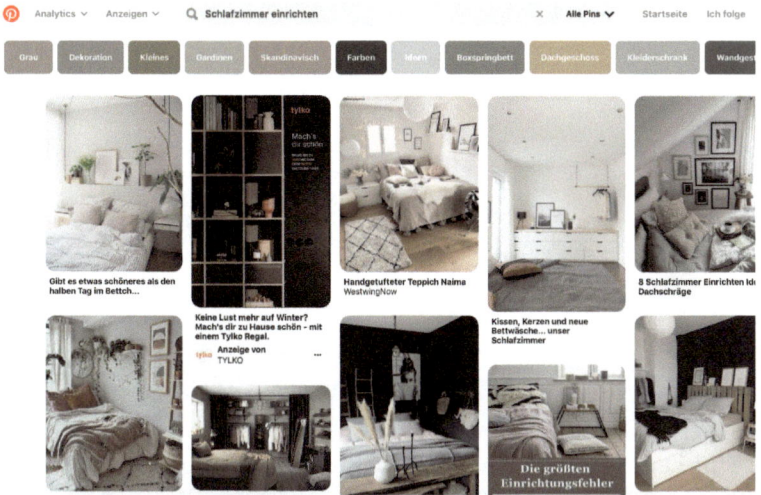

Abb. 10 Pinterest Ergebnisseite für die Suchanfrage „Schlafzimmer einrichten" (Quelle: Pinterest.)

Bei Google gibt es darüber hinaus die Google Bildersuche. Doch die Features der Pinterest Suchfunktion sind denen der Google Bildersuche voraus. Beispielsweise nahm Google sich 2017 die Pinterest Suchleiste zum Vorbild und fügte auch unter seiner Bilder-Suchleiste verwandte Schlagworte zur Suchanfrage hinzu. Mithilfe dieser Keywordvorschläge können Nutzer ihre Suche verfeinern.[72] Auch die Funktion der Pinterest Lens, Nutzern ähnliche Pins zu einem fotografierten Objekt anzuzeigen, lässt sich als „Style Search" in der Google Lens finden.[73]

---

72   vgl. t3n.de 2017
73   vgl. Hutchinson 2018

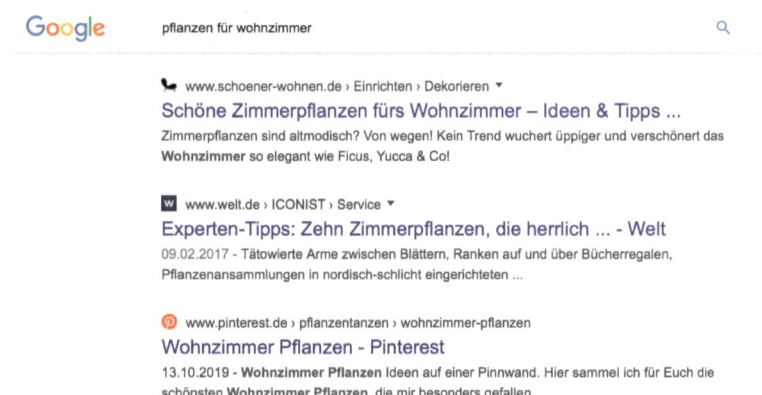

Abb. 11 Pinterest-Inhalte erscheinen in der Google-Suche (Quelle: Google. *Google and the Google logo are registered trademarks of Google LLC, used with permission.*)

Auffällig bei der Betrachtung von Pinterest und Google ist die Tatsache, dass Inhalte aus Pinterest von Google indexiert und zu Suchanfragen ausgespielt werden. Pins und Pinnwände erscheinen in der Google SERP und auch in der Google Bildersuche. Oft erscheinen die Pinterest-Ergebnisse weit vorne unter den Suchergebnissen. Auf die vorderen Plätze setzt der Google Suchalgorithmus diejenigen Ergebnisse, welche er anhand verschiedener Rankingfaktoren (z. B. Engagement der Nutzer) am relevantesten für die Suchenden einstuft. Das bedeutet, dass gut funktionierende Pins und Boards nicht nur in Pinterest selbst Aufmerksamkeit erzielen können, sondern auch in der Google-Suche. Mit erfolgreichem Pinterest-Marketing kann man also von zwei Suchmaschinen profitieren.

Pinterest-Nutzer vs. Google Nutzer

Ein klarer Unterschied zwischen den beiden Suchmaschinen lässt sich in der Nutzungsart bzw. der Nutzungsintention der jeweils Suchenden finden. Dieser Unterschied erklärt auch, warum die beiden Suchmaschinen nicht unbedingt Konkurrenten sind, sondern sich vielmehr ergänzen.

Laut Google haben User bei der Nutzung der Suchmaschine eine der drei Suchintentionen „Go", „Know" oder „Do". Bei der **Navigationssuche** (Go bzw. navigational) nutzt der Suchende Google lediglich als Navigationsmittel um mit der Eingabe eines Suchbegriffs auf einer Website, deren URL er nicht kennt, zu landen. Ein Beispiel für diese Suchintention wäre die Suchanfrage „Facebook", mit welcher der Nutzer zum Facebook Log-in gelangen möchte, die dazugehörige URL jedoch nicht kennt. Die **Informationssuche** (Know bzw. informational) beschreibt die Nutzung von Google zur Informationsgewinnung zu einem Thema. Je passender Inhalte zu seiner Suchanfrage aufbereitet sind, desto eher wird sich der Suchende mit diesen auseinandersetzen. Typische Suchanfragen für diese Suchintention wären zum Beispiel „Was ist ein Fabergé-Ei" oder „Umrechnung Celsius und Fahrenheit". Mit der **transaktionalen Suchanfrage** (Do bzw. transactional), möchte der Suchende Google nutzen, um den Kauf eines Produktes auf einer Website abzuschließen.[74] Eine Suchanfrage mit dieser Intention könnte z. B. „Rasenmäher kaufen" sein. Suchende nutzen Google also, um zu einer bestimmten Website zu gelangen, Informationen zu einem Thema zu gewinnen oder um ein bestimmtes Produkt zu kaufen. All diese Suchvorgänge geschehen mit einem bestimmten Ziel bzw. mit einer speziellen Erwartungshaltung.

Bei Pinterest hingegen geschehen Suchvorgänge oft ohne spezifisches Ziel. Zu Anfang ihrer Suche haben die Nutzer einen Rahmen, innerhalb dem sich ihre Suche bewegt. Vielleicht interessieren sie sich für die Themen „Einrichtung Wohnzimmer" oder „Vintage Hochzeitsdekoration". Zu diesem Zeitpunkt haben die Nutzer jedoch oft noch keine klare Vorstellung, welche Idee oder welches Produkt sie eigentlich suchen und möchten sich von den ausgespielten Ergebnissen für ihre weitere Suche inspirieren lassen. Natürlich gibt es auch Pinterest-Nutzer, die schon eine klare Idee vor Augen haben und dazu auf Pinterest eine Anleitung oder ein Produkt suchen. Jedoch ist die Nutzungsintention von Pinterest-Nutzern von vornherein oft viel breiter gefasst als die von Google-Nutzern.

Bei der Betrachtung von Pinterest und Google lassen sich einige Unterschiede zwischen den beiden Suchmaschinen ausmachen, vor allem in der Ausgangsituation der Nutzer. Das erklärt auch, warum die beiden Suchmaschinen (momentan) in keiner klaren Konkurrenz zueinanderstehen. Für Marketer bedeutet das, bei der eigenen Content-Strategie sowohl Google als auch Pinterest zu berücksichtigen und zu erkennen für welche Inhalte die eigene Zielgruppe welche Suchmaschine verwendet. Es wird auf jeden Fall spannend bleiben zu beobachten, wie sich Google und Pinterest weiterentwickeln, denn klar ist, dass sich Inhalte im Internet immer weiter in die Richtung „visual" entwickeln.

---

74 vgl. Google.com 2019, S. 71–77

Einfach erkennen lässt sich diese Entwicklung des Internets z. B. am Kurznachrichtendienst Twitter. Konnten auf dieser Plattform Nutzer früher lediglich Textnachrichten posten, involvieren mehr als 50 % der Impressions auf Twitter nun Bilder, Videos und andere multimediale Inhalte.[75]

Learnings zu Kapitel 3

- ☐ Die visuelle Suchmaschine Pinterest funktioniert **keywordbasiert**
- ☐ Keywords sind Schlagwörter mit denen Nutzern nach Inhalten suchen
- ☐ **Start-Feed:** Nutzer bekommen Pins ausgespielt, die Auf Grund vorheriger Interessen und Suchanfragen für sie interessant sein könnten
- ☐ **Suchfunktion:** Nutzer bekommen Pins ausgespielt, die ihre Suchanfrage matchen
- ☐ **Visuelle Suchfunktion** & **Pinterest Lens** erweitern die textbasierte Suche um Suchen mit Bildern
- ☐ Der Pinterest-Algorithmus heißt **Taste Graph** und basiert auf den Faktoren Pins samt Metadaten, Nutzerinteraktionen und Interessen
- ☐ **Textliche Optimierung** ist die Voraussetzung für Erfolg auf Pinterest
- ☐ **SEO** für Pinterest bezieht sich nicht nur auf die Optimierung von Pins, sondern auch auf die Optimierung der eigenen Website
- ☐ **Ranking Faktoren** auf Pinterest sind: Qualität der Website, Qualität des Pinterest-Profils, Qualität der Pins uns Konsistenz zwischen Website und Pinterest-Profil
- ☐ **Visual Search** spielt schon jetzt eine Rolle auf Pinterest und wird auch in Zukunft eine wichtige Rolle spielen
- ☐ **Google** und **Pinterest** unterscheiden sich im Aufbau ihrer Ergebnisseiten – die Google Search Engine Result Page ist textlich, die Pinterest Ergebnisseite ist visuell
- ☐ Die **Nutzungsintention** unterscheiden sich bei der Nutzung von Google (Information) und Pinterest (Inspiration)
- ☐ Für Marketer ist es wichtig herauszufinden, wann und für was die eigene Zielgruppe, welche der beiden Suchmaschine nutzt

---

75   vgl. Meeker 2019 S. 78

4 Pinterest für Unternehmen

Obwohl Anfang 2020 nur 25 % der weltweiten Unternehmen Pinterest einsetzten, lassen sich für Unternehmen viele Argumente finden, Pinterest in die eigene Online-Marketing-Strategie zu integrieren.

4.1 Die Zielgruppe auf Pinterest wächst

Pinterest ist mittlerweile auf eine Größe von über 300 Millionen Nutzer weltweit gewachsen. Abb. 12 zeigt das Wachstum der monatlich aktiven Pinterest-Nutzer weltweit. Pinterest veröffentlicht pro Quartal die Zahl der weltweiten Nutzer und die Zahl der in den USA lebenden Nutzer. Vom vierten Quartal 2018 bis zum vierten Quartal 2019 ist die weltweite Nutzerzahl von 265 Millionen Nutzer um 26 % auf 335 Millionen gestiegen.[76] Deutlich zu erkennen ist auch, dass im letzten Quartal 2019 fast 75 % der Nutzer außerhalb der USA lebten. Für Deutschland gibt es keine offiziellen Nutzerzahlen. Aus dem Anzeigenmanager kann aber die geschätzte Anzeigenreichweite in Deutschland herausgelesen werden. Diese liegt Firsching zufolge monatlich zwischen 8,3 bis 11,2 Millionen Pinterest-Nutzern.[77]

Was die Geschlechterverteilung angeht, sind die Pinterest-Nutzer momentan noch ungleich verteilt. Weltweit sind 72 % der Nutzer weiblich.[78] Doch auch die männliche Nutzerzahlen steigen. Im Jahr 2018 kamen 50 % der Neuanmeldungen auf Pinterest von Männern.[79] Pinterest ist vor allem in der jüngeren Zielgruppe beliebt. Laut einer Statista-Umfrage gaben 2017 etwa 51 % der deutschen Internetnutzer zwischen 14 und 19 Jahren an, Pinterest zu nutzen. In der Altersgruppe der 20- bis 29-Jährigen waren es 44 %, bei den 30- bis 39-Jährigen 37 % und bei den 40- bis 49-Jährigen 24 %.[80] Vergleicht man diese Zahlen mit dem sozialen Netzwerk Facebook sind hier vor allem die Zahlen der älteren Nutzergruppen auffällig. Pinterest wurde in der Altersgruppe der 50- bis 59-Jährigen und der 60-Jährigen+ von jeweils

76 vgl. Investor.pinterestinc.com 2020
77 vgl. Firsching 2019
78 vgl. Statista.com (e) 2020
79 vgl. Cooper 2019
80 vgl. Statista.com 2018

nur 14 % der Internetnutzer verwendet. Bei Facebook hingegen sind es mit sehr großem Abstand in ersterer Gruppe 75 % und in der Gruppe der über 60-Jährigen 58 % der Internetnutzer, die sich auf der Plattform bewegen.[81]

Neben dem Alter der Zielgruppe auf Pinterest ist für Unternehmen auch ihr Einkommen und damit vorhandenes Kaufkraft-Potenzial interessant. Zahlen zum Einkommen der Nutzer gibt es nur für die USA. Dort gaben 2019 41 % der befragten Pinterest-Nutzer an, ein Jahreseinkommen von 75.000 $ oder mehr zu haben. Von den Befragten hatten 27 % ein jährliches Einkommen zwischen 30.000 $ und 74.999 $. Weitere 18 % gaben ihr Jahreseinkommen als unter 30.000 $ an. Die übrigen 14 % machten keine Angabe.[82]

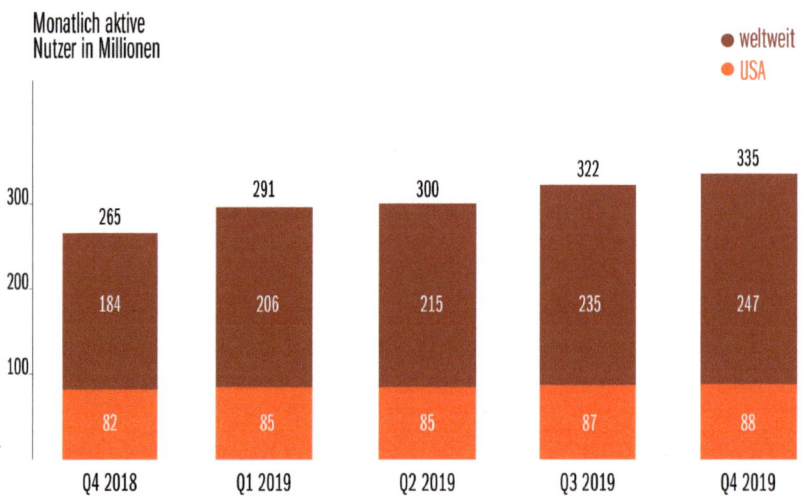

Abb. 12 Monatlich aktive Nutzer auf Pinterest in Millionen (Quelle: Eigene Darstellung nach Investor.pinterestinc.com 2020)

4.2 Pinterest funktioniert für verschiedene Branchen

Laut Grabs et. al. merken sich deutsche Pinterest-Nutzer täglich 3,5 Millionen Pins auf ihren Boards. Von diesen wird die Mehrheit von professio-

81   vgl. Statista.com (a) 2019
82   vgl. Statista.com (b) 2019

neller Seite wie Marken oder Verlagen veröffentlicht.[83] Bei Neueröffnung eines Pinterest-Kontos wird der Nutzer gebeten, fünf für ihn interessante Kategorien auszuwählen. Aus diesen Informationen kann Pinterest einen ersten, für den Nutzer relevanten Start-Feed erstellen. Grabs et al. nennen die Themen-Kategorien Food, DIY, Home, Beauty und Fashion als Beliebteste auf Pinterest.[84] Unternehmen, welche Produkte in diesen Bereichen anbieten, können mit passenden Pins folglich das Interesse einer großen Nutzergruppe auf sich ziehen. Pinterest nennt insgesamt 34 wichtige Interessens-Kategorien, neben denen viele weitere Nischen-Inhalte in der Suchmaschine zu finden sind.

Auch Unternehmen, welche inhaltlich nicht die fünf genannten Hauptkategorien bedienen, können auf Pinterest erfolgreich sein. Dies zeigt beispielsweise der Marketing-Dienstleister HubSpot. Das Unternehmen verkauft Marketing-Software und besitzt somit keine richtigen Produktfotos, die es als Pins umsetzen kann. Stattdessen behandelt die Marke verschiedene relevante Marketing-Themen auf ihren Pinnwänden und bereitet aktuelle Website-Inhalte ansprechend als Infografiken auf. 49.500 Follower auf Pinterest zeigen, dass diese Strategie von HubSpot auch erfolgreich funktioniert.

Um noch mehr über die Affinität zu verschiedenen Kategorien und die Interessensgebiete ihrer Zielgruppe herauszufinden, können Unternehmen die Zielgruppen-Insights von Pinterest Analytics verwenden. Zusätzlich veröffentlicht Pinterest jährlich die 100 angesagtesten Trends für das kommende Jahr. Unternehmen können diesen Trend-Report und die Zielgruppen-Insights nutzen, um ihren Redaktionsplan zusammenzustellen. Pinterest lebt von hochwertigen und ästhetischen Pins, die Ideen oder Produkte zeigen. Deshalb eignet sich die visuelle Suchmaschine für Unternehmen, die Ressourcen zur Erstellung solcher besitzen. Pins müssen zudem auf eine mit weiterem Inhalt ausgestatte Landingpage führen, welche der Nutzer beim Klick auf einen Pin erwartet.

Da Pinterest momentan nur von wenigen Unternehmen professionell genutzt wird, bedeutet dies natürlich auch weniger Konkurrenz für die eigenen veröffentlichten Inhalte. In Deutschland besitzen 66 % der Unternehmen eine Unternehmenswebsite, welche auf Google mit anderen Websites um die vorderen Rankings konkurrieren muss. [85] Weltweit nutzen jedoch nur

---

83   vgl. Grabs / Bannour / Vogl 2018, S. 325
84   vgl. ebd.
85   vgl. Statista.com (c) 2019

25 % der Unternehmen Pinterest, um ihre Inhalte zu verbreiten. Zusammenfassend bietet Pinterest B2C-Unternehmen unterschiedlicher Branchen mit
einer Website oder einem Online-Shop die Möglichkeit, die Zielgruppe mit
relevanten Pins auf sich aufmerksam zu machen. Weniger lohnenswert ist
Pinterest für lokale Geschäfte oder Unternehmen ohne Website. Für eine erfolgreiche Pinterest-Präsenz sind zudem Ressourcen zur Inhalte-Erstellung
von Pins notwendig.

4.3 Pinterest ist organischer Traffic-Bringer mit langlebigen Inhalten

Jeder auf Pinterest hochgeladene Pin verlinkt auf eine Website zurück.
Durch die Verbreitung von Pins und dem Repinnen von Nutzern baut sich
so automatisch ein Netzwerk aus Backlinks auf die eigene Website auf.
Gute Inhalte, die Repins erzeugen, erhöhen die Zahl der Website-Backlinks,
wobei es sich um „Link-Building im Rahmen der SEO" handelt.[86] Pinterest
stärkt somit auch Website-SEO. Denn Backlinks sind in der Suchmaschinenoptimierung insofern bedeutend, als Google Websites mit vielen Backlinks
als relevant und qualitativ hochwertiger einstuft. Dies fließt als wichtiger
Ranking-Faktor in die Berechnung der Rankingposition einer Website ein.[87]
Dass Pinterest mehr Klicks auf Backlinks als andere Social-Media-Kanäle
erzeugt, liegt vor allem an der Langlebigkeit der Pins und der Tatsache, dass
Pins über Keywords gefunden werden können.[88]

Besonders diese Langlebigkeit der Inhalte macht Pinterest sehr attraktiv.
Gemessen wird diese Größe für Social-Media-Beiträge in der sogenannten
Halbwertszeit. Diese beschreibt die vergangene Zeit seit dem Upload eines
Inhalts, innerhalb welcher der Post 50 % seiner Interaktionen erhält.[89] Für
einen Tweet liegt die Halbwertszeit bei 24 Minuten. Für einen Facebook-Post
liegt sie bei rund 90 Minuten. Auf Pinterest hingegen liegt die Halbwertszeit
bei 3,5 Monaten.[90] Das bedeutet, ein Pin generiert in der Regel innerhalb
von 3,5 Monaten die Hälfte seines Engagements. Die Abb. 13 zeigt symbo-

---

86   Werner 2013, S. 39
87   vgl. Sistrix.com 2019
88   vgl. Werner 2013, S. 40
89   vgl. Firsching 2013
90   vgl. Grabs / Bannour / Vogl 2018, S. 326

lisch auf, wie sehr sich die Halbwertszeiten (Kreisgrößen) der Plattformen unterscheiden.

Mit 3,5 Monaten, sprich 151.200 Minuten, ist die Halbwertszeit von Beiträgen auf Pinterest 6.300-mal länger als die auf Twitter. Dieses Größenverhältnis korrekt darzustellen, würde den Rahmen des Diagramms sprengen. Daher zeigt Abb. 13 zwar nicht die hundertprozentig richtigen Größen der Halbwertszeiten, gibt aber einen guten Eindruck, wie stark sich die Langlebigkeit von Inhalten auf den Plattformen unterscheidet.

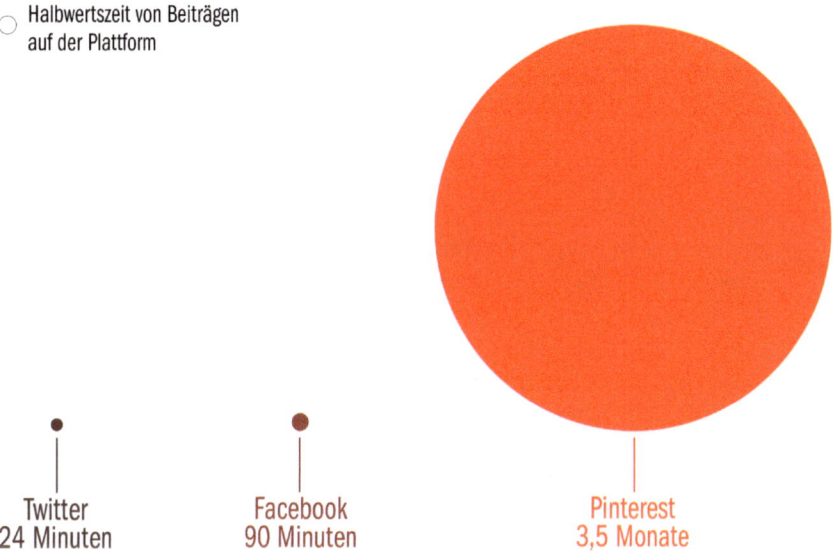

Abb. 13 Symbolische Darstellung der Halbwertszeiten von Inhalten auf den Plattformen Twitter, Facebook und Pinterest (Quelle: Eigene Darstellung nach Grabs / Bannour / Vogl 2018, S. 326)

Ein weiterer Faktor, der auch nach der „Lebenszeit" eines Pins dafür sorgt, dass weiterhin Traffic auf die verlinkte Website geleitet wird, ist die Verschlagwortung der Pins und ihre damit gewährleistete Auffindbarkeit über die Suchfunktion.

4.4 Pinterest eröffnet einen effektiven Touchpoint in der Customer Journey von Nutzern

Das Konstrukt der Customer Journey wurde bereits in Kapitel 1 eingeführt. Neben den verschiedenen Phasen, welche ein potenzieller Kunde während seiner Customer Journey durchläuft, wurde auch die Wichtigkeit der Unternehmenspräsenz auf allen zielgruppenrelevanten Kanälen während dieser Phasen aufgezeigt. Nur wer möglichst viele Touchpoints mit den potenziellen Kunden schafft, legt den Grundstein für eine Kundenbeziehung mit dem Nutzer. Pinterest-Nutzer verwenden die visuelle Suchmaschine zum Stöbern, Suchen und Kaufen. Damit wird Pinterest, bzw. die dort veröffentlichten Inhalte, zu einem wichtigen Touchpoint für alle Phasen der Customer Journey.

> **Definition Touchpoint**
> Spricht man in Bezug auf die Customer Journey von einem Touchpoint, sind damit die Berührungs- oder Kontaktpunkte gemeint, bei denen eine Interaktion zwischen einem potenziellen Kunden und einem Unternehmen stattfindet. Diese Touchpoints können offline (z. B. eine Filiale, Plakatwerbung) oder online (z. B. Website, Newsletter, Ads) sein.[91]

Die Touchpoints spielen als Kontaktpunkte eine wichtige Rolle auf dem Weg zur Kundenbeziehung. Je nachdem, welche Erfahrung der potenzielle Kunde an den verschiedenen Touchpoints innerhalb der verschiedenen Phasen mit dem Informations- und Produktangebot des Unternehmens macht, beeinflusst dies seine Entscheidung zum Produktkauf. Touchpoints sind nicht nur durch den Kontakt zwischen Nutzer und Unternehmen gekennzeichnet, sondern beeinflussen laut Ryte auch durch zwei weitere Aspekte das Verhalten der Nutzer. Diese sind der kognitive Aspekt, sprich die Information, die der Kunde über die Marke und ihre Produkte erhält, sowie der emotionale Aspekt, sprich die Emotionen, welche die Informationen beim Nutzer erzeugen. Somit formen die Touchpoints und das Nutzererlebnis mit den Inhalten des Unternehmens an diesen Kontaktpunkten maßgeblich das Markenerlebnis des Nutzers. Betrachtet man die Customer Journey sind Touchpoints in jeder Phase zu finden. Abb. 14 zeigt eine Customer Journey

---

91   vgl. Ryte.com (c) 2019

mit exemplarischen Touchpoints, an denen der potenzielle Kunde mit dem Unternehmen in Kontakt kommen kann. Beispielsweise wird ein Nutzer in der Awareness-Phase über eine digitale Anzeige auf ein Produkt eines Unternehmens aufmerksam oder er bekommt es offline empfohlen. In der Phase der Consideration besucht er dann die Website des Unternehmens oder informiert sich über die Google-Suche über das Unternehmen. Der Kauf kann schließlich online oder auch offline stattfinden. In die Loyalty-Phase geht der Kunde über, wenn ihn das Service- oder Inhaltsangebot auf der Website des Unternehmens überzeugt. Seine Loyalität zum Unternehmen äußert der Kunde zum Beispiel mit einer positiven Bewertung in einem Bewertungsportal oder dem Folgen des Unternehmensprofils auf Social Media.

Abb. 14 Customer Journey mit beispielhaften Touchpoints (Quelle: Eigene Darstellung nach Hagen / Münzer 2019 S. 57ff, Ryte.com (c) 2019)

Strategisch können diese Kundenkontaktpunkte je nach Art und Zielgruppe unterschiedlich eingesetzt werden. Beispielsweise lassen sich übergeordnete Marketingmaßnahmen für verschieden Zielgruppen über verschiedene Touchpoints verteilt umsetzen. Werbekampagnen mit spezifischem Ziel werden meist auf einen bestimmten Touchpoint ausgerichtet.[92]

---

92   vgl. Ryte.com (c) 2019

Auch Pinterest kann von einem Unternehmen als Touchpoint für übergeordnete Marketingmaßnahmen der Online-Strategie und spezifische Kampagnen eingesetzt werden. Als visuelle Such- und Entdeckungsmaschine ist
Pinterest sogar ein besonderer Touchpoint, denn:

- [ ] Unternehmen können dort Nutzer in **verschiedenen Phasen** ihrer
Customer Journey mit Inhalten unterstützen.
- [ ] Nutzer können auf Pinterest nicht nur einzelne, sondern **alle Phasen**
ihrer Customer Journey durchlaufen.

Im Folgenden werden diese beiden Besonderheiten von Pinterest genauer
erklärt. Zur kurzen Wiederholung werden noch einmal die Phasen der Customer Journey genannt: Awareness, Consideration, Purchase und optional
Loyalty.

Pinterest wird in verschiedenen Phasen der Customer Journey genutzt
Wie in diesem Kapitel bereits aufgezeigt, können Nutzer in verschiedenen
Phasen und an verschiedenen Touchpoints ihrer Customer Journey – von
der Awareness bis zum Kauf eines Produktes – mit einem Unternehmen
in Kontakt kommen. Während der verschiedenen Phasen bewegen sich
die Nutzer auf verschiedenen Kanälen und konsumieren die Inhalte, die
dort für sie bereitgestellt werden. Diese Kanäle können zum Beispiel die
Google-Suche, Unternehmenswebsites oder Social-Media-Plattformen sein.
Auch Pinterest ist ein solcher Kanal, auf dem sich Nutzer zum Stöbern,
Recherchieren und Kaufen in den verschiedenen Phasen der Customer
Journey bewegen und mit den Inhalten eines Unternehmens in Kontakt
kommen können. Das bedeutet aber nicht zwangsläufig, dass Nutzer sich
dort während aller Phasen aufhalten. Die jeweiligen Phasen der Customer
Journey können auch an einem anderen Touchpoint stattfinden oder Nutzer
besuchen während einer Phase verschiedene Kanäle. Die Customer Journey
verläuft meist nicht linear und Nutzer wechseln immer wieder zwischen
Touchpoints und kehren zu diesen zurück. Daher können sich auch auf
Pinterest-Nutzer in verschiedenen Phasen befinden:

- [ ] **Awareness-Phase**
Pinterest ist als visuelle Plattform darauf ausgerichtet, Nutzer zu
inspirieren und ihnen neue Ideen sowie Produkte zu zeigen. Im
Start-Feed werden dem Nutzer vom Pinterest-Algorithmus neue und
weiterführende Pins zu ihren Interessen vorgeschlagen. In der „Stö-

berphase", wie man die Awareness-Phase auf Pinterest auch nennen könnte, kann eine große Auswahl visueller Ideen die Aufmerksamkeit der Nutzer im Start-Feed wecken. 77 % der Nutzer geben an, mithilfe von Pinterest eine neue Marke oder ein neues Produkt für sich entdeck zu haben.[93] Das bedeutet, dass Pinterest die Customer Journey von Nutzern überhaupt erst anstößt, indem den Nutzern immer wieder eine große Auswahl an Ideen und Inhalten bereitgestellt werden. Auch wenn Nutzer noch kein konkretes Bedürfnis oder „Problem" haben, das zu einer Suchanfrage führen würde, kann Pinterest dieses mit dem Vorschlagen von Ideen im Start-Feed auslösen. Nutzer sehen Pins und haben das Bedürfnis mehr zum gezeigten Inhalt oder Produkt zu erfahren. Pinterest und im speziellen der Start-Feed von Pinterest ist daher ein zentraler Touchpoint in der Phase der Awareness, wenn es darum geht die Aufmerksamkeit der Nutzer zu wecken und ihre Customer Journey „ins Rollen" zu bringen.

☐ **Consideration-Phase**

Auch für die Consideration-Phase spielt Pinterest als Suchmaschine eine wichtige Rolle. In dieser „Recherchephase" bietet die Suchfunktion von Pinterest den Nutzern die Möglichkeit, ihr Bedürfnis / Problem mit Suchanfragen weiter zu recherchieren und vertiefen. Die ausgespielten Pins bieten den Nutzern Antworten auf ihre Suchanfrage oder weiterführende Ideen. Die Verlinkung der Pins auf den Touchpoint „Website" bietet den Nutzern die Möglichkeit vom Unternehmen weitere Informationen zu erhalten. 84 % der Pinterest-Nutzer verwenden Pinterest als Entscheidungshilfe bei Produktkäufen.[94] Dies zeigt, dass sich Nutzer während ihrer Consideration-Phase intensiv auf Pinterest mit verschiedenen Inhalten und Produkten auseinandersetzen.

☐ **Purchase-Phase**

Pinterest gibt an, dass 83 % der wöchentlichen User etwas gekauft haben, das auf Pins basiert, die sie von Marken gesehen haben.[95] Durch die Verlinkungsmöglichkeit von Pins auf den eigenen Online-Shop gibt Pinterest Unternehmen die Chance, Nutzer direkt aus der Consideration-Phase in die Purchase-Phase zu leiten. Nicht nur die Direkt-

---

93   vgl. Business.pinterest.com (g) 2020
94   vgl. ebd.
95   vgl. Business.pinterest.com (b) 2020

verlinkung, sondern auch Formate wie Product Pins machen Pinterest zu einem interessanten Touchpoint in der Kaufphase. Schlussendlich findet der Kauf dann im jeweiligen Onlineshop statt. Pinterest kann aber die Einleitung der Purchase-Phase sehr stark unterstützen.

☐ **Loyalty-Phase**
Für eine langfristige Kundenbindung und den Übergang der Nutzer in die Loyalty-Phase bietet das Folgen von Profilen und der Follow Feed für Nutzer eine einfache Möglichkeit sich auch nach dem Kauf eines Produktes von Inhalten einer Marke inspirieren zu lassen. Für Unternehmen ist es daher wichtig, Inhalte zu einem Produkt veröffentlichen, die auch nach dem Kauf des Produkts noch weiterführende Informationen geben.

Wie Pinterest neben anderen Touchpoints in der Customer Journey genutzt werden kann wird in Abb. 15 grafisch zusammengefasst. Die Plattform kann in allen Phasen der Customer Journey besucht werden. Nutzer können dort inspiriert werden oder tätigen von dort Produktrecherchen oder Käufe. Pinterest wird jedoch nicht zwangsläufig von jedem Nutzer in jeder Phase benutzt, sondern je nach Bedürfnis des Kunden in einer unterschiedlichen Phase eingesetzt. Daneben kann der potenzielle Kunde in den verschiedenen Phasen auch noch weitere Touchpoints besuchen, wie in Abb. 15 deutlich wird.

Abb. 15 Pinterest kann in jeder Phase der Customer Journey Touchpoint sein (Quelle: Eigene Darstellung)

Pinterest wird in allen Phasen der Customer Journey genutzt

Zusätzlich zu dem Szenario, dass Nutzer Pinterest im Wechsel mit anderen Touchpoints während den verschiedenen Phasen ihrer Customer Journey besuchen, kann es auch einen weiteren Fall geben. Eine Customer Journey kann auch komplett auf Pinterest ablaufen, ohne, dass während Awareness oder Consideration-Phase andere Touchpoints besucht werden. Dies geht vor allem mit spontanen Impulskäufen einher. Grundlage für den Ablauf einer kompletten Customer Journey auf Pinterest ist der Aufbau der Plattform mit dem inspirierenden Start-Feed, der Suchfunktion zum Recherchieren und Shopping-Features, sowie Pin-Formaten, welche direkt Auskunft zu Preisen oder Verfügbarkeit bieten. Erregt ein Produkt im Start-Feed des Nutzers seine Aufmerksamkeit, muss er die Plattform prinzipiell nicht verlassen, sondern findet über die Suche oder auf dem Profil der Marke weitere Informationen. Nur zum abschließenden Kauf muss der Nutzer dem Pin auf den verlinkten Online-Shop folgen. Auch die Loyalty-Phase kann anschließend auf Pinterest stattfinden, mit dem Folgen des Unternehmensprofil und dem Repinnen von Inhalten des Unternehmens aus dem Folge-Feed.

> **Praxis-Tipp:** Unternehmen sollten Pins immer in mehreren Varianten und Formaten umsetzen. Das bedeutet, der gleiche Inhalt sollte in mehreren Pins umgesetzt die verschiedenen Intentionen von Nutzern ansprechen, die sie während allen potenziellen Phasen der Customer Journey haben.

Pinterest eröffnet für Unternehmen einen interessanten und vor allem effektiven Touchpoint mit ihren potenziellen Kunden. Diese befinden sich während verschiedenen Phasen ihrer Customer Journey auf der Plattform und haben dabei unterschiedliche Nutzungsintentionen und Bedürfnisse. Um die potenziellen Kunden zu tatsächlichen Kunden zu konvertieren, sollten Unternehmen die Nutzer mit relevanten Inhalten in allen möglichen Phasen begleiten. Websitebetreiber und Online-Shops können ihre Kunden in der Phase der Inspiration (Awareness), Recherche (Consideration), kurz vor dem Kauf oder für den Kauf (Purchase) erreichen und auch mit Inhalten zu dem Produkt nach einem Kauf versorgen (Loyalty).

4.5 Pinterest als Instrument für Content-Marketing und E-Commerce

Pinterest ist vor allem für die Bereiche Content-Marketing und E-Commerce ein sinnvolles Instrument. Das liegt an den verschiedenen Nutzungsintentionen der Pinterest-Nutzer (Stöbern, Recherchieren, Kaufen) und den kreativen Möglichkeiten, wie Inhalte für die visuelle Suchmaschine umgesetzt werden können.

4.5.1 Pinterest im Content-Marketing

Wie bereits aufgezeigt wurde, spielt Content-Marketing für viele Unternehmen mittlerweile eine wichtige Rolle in der eigenen Online-Strategie und insbesondere beim Aufbau von Kundenbeziehungen. Ein fundamentaler Erfolgsfaktor für die Umsetzung von Content-Marketing ist die Ausspielung von Inhalten auf zielgruppenrelevanten Kanälen. Um Nutzer bei ihrer Suche nach Informationen nicht nur über die Platzierung der eigenen Landingpages in der Google-Suche zu erreichen, sollten auch andere Verbreitungskanäle für den eigenen Content eingesetzt werden, so auch Pinterest. Wie in Abschnitt 4.4 aufgezeigt, wird Pinterest von Nutzern in verschiedenen Phasen ihrer Customer Journey verwendet. Sie lassen sich von Inhalten auf der Plattform inspirieren oder suchen aktiv nach passenden Ideen und Produkten. Wer erkennt, dass seine Zielgruppe sich auf Pinterest bewegt, sollte daher die Chance ergreifen und die Nutzer mit überzeugenden Inhalten auf die eigene Marke aufmerksam machen.

Im Content-Marketing geht es vor allem darum, den Nutzern Inhalte mit Mehrwert zur Verfügung zu stellen. Genau dieser Ansatz steckt auch hinter Pinterest. Nutzer sollen auf der Plattform von Inhalten aus verschiedenen Bereichen inspiriert werden. Pinterest ist keine Plattform für plakative Werbung, sondern für Ideen. Das bedeutet aber nicht, dass Produkte auf Pinterest nicht gezeigt werden können. Im Gegenteil: Wer seine Produkte ästhetisch in Szene setzt, weiterführende Ideen zu ihnen liefert und inspirierende Geschichten mit seinen Pins erzählt, erreicht damit erfolgreich Nutzer, wie im folgenden Abschnitt 4.5.2 aufgezeigt wird.

Will ein Unternehmen Pinterest in das eigene Content-Marketing integrieren, geht es vor allem darum, die auf der eigenen Website bestehenden Themenwelten auch für Pinterest umzusetzen. Das können z. B. Blogbeiträge mit Anleitungen, Ideen und hilfreichen Tipps rund um verschiedene

Themen sein, die im ersten Moment noch gar nichts mit einem konkreten Produkt zu tun haben. Stattdessen sind dies oft Inhalte, die bestimmte Probleme der Nutzer lösen oder Antworten auf ihre Suchanfragen geben. Mit ihrem Charakter als Suchmaschine und Ideengeber nutzen 70 % der Nutzer die Plattform nicht nur zum Stöbern, sondern suchen dort aktiv nach Informationen.[96] Liefern Pins passende Informationen zur Suchanfrage der Nutzer, werden sie sich mit großer Wahrscheinlichkeit zur verlinkten Website weiterklicken. Hält der verlinkte Website-Content, was er verspricht, und befriedigt die Suchintention der Nutzer, wird dies ein positives Engagement des Nutzers mit den Inhalten auslösen und ein erster Schritt zur Kundenbeziehung sein.

Ziel der Integration von Pinterest in das Content-Marketing ist der Aufbau von Website-Traffic und die Überzeugung der Nutzer mit den eigenen Inhalten. Eine wichtige Voraussetzung dafür ist die richtige Umsetzung der eigenen Inhalte für die Plattform Pinterest. Die Kapitel 5 und 6 setzen sich ausführlich mit diesen und weiteren strategischen Grundlagen auseinander. Auf der eigenen Website publizierter Content kann auf Pinterest in verschiedenen Formaten veröffentlicht werden. Pinterest bietet die Möglichkeit Owned Content zu veröffentlichen sowie diesen mit Paid-Maßnahmen zu bewerben. So kann die Zielgruppe nicht nur organisch, sondern auch mit spezifischem Targeting erreicht werden. Da viele Unternehmen Pinterest noch nicht in ihrem Marketing-Mix nutzen, ist Pinterest weniger kompetitiv und gute Rankings sind einfacher zu erreichen als in Google.

Da Nutzer die Möglichkeit haben, Inhalte auf Pinterest zu repinnen und auch selbst Inhalte von Websites zu merken, existiert auf Pinterest auch viel Earned Content. Überzeugen die Pins die Nutzer und werden von diesen gepinnt, verbreiten sich die Inhalte in Pinterest quasi selbstständig und werden zur wertvollen Traffic-Quelle. Die Veröffentlichung von relevanten Inhalten wird somit zu einer Win-Win-Situation für Unternehmen und Nutzer: die Nutzer erhalten Information und Inspiration zu ihren Suchanfragen und generieren mit dem Pinnen der Inhalte automatisch weiteren Traffic für das Unternehmen. Pinterest wird somit zum wertvollen Verbreitungskanal im Content-Marketing.

---

96 vgl. Business.Pinterest.com (c)

Nützliche Pin-Arten für das Content-Marketing:

Um Nutzer zu überzeugen, müssen die eigenen Inhalte der Website passend für Pinterest umgesetzt werden. Die hier angesprochenen Pin-Arten werden in Abschnitt 6.1 noch einmal genauer erläutert. Das Thema Inhalte und Gestaltung von Pins im Content-Marketing wird in Abschnitt 5.4 thematisiert. Die nachfolgenden Pins in Tab. 2: Pins für das Content-Marketing geben an dieser Stelle schon einen ersten Überblick, welche Pin-Arten sich gut zur Veröffentlich von Inhalten im Rahmen einer Content-Strategie eignen.

Pin-Art	Beschreibung
Bilder-Pins	Pins, die eine Idee visuell als Bild zeigen
Video-Pins	Pins, die eine Idee, z. B. eine Anleitung, als Video zeigt
Karussell-Pins	Bei Karussell-Pins lassen sich mehrere Bilder (Inhalte) in einem Pin verpacken, die einzelnen Pins können zu verschiedenen Landingpages verlinkt werden
Story Pins	Pins, die bis zu 20 Bilder enthalten können und sich daher gut für Storytelling oder Anleitungen eignen
Article Pins	Pins, die dem Nutzer mehr Information zur verlinkten Landingpage geben
Recipe Pins	Pins, die dem Nutzer mehr Informationen zu einem Rezept geben z. B. Zutatenlisten

Tab. 2: Pins für das Content-Marketing

4.5.2 Pinterest im E-Commerce

Pinterest bietet Unternehmen nicht nur die Möglichkeit als Verbreitungsplattform für Inhalte im Content-Marketing genutzt, sondern auch für die Erreichung von E-Commerce-Zielen eingesetzt zu werden. Grundlage für die Effektivität von Pinterest im Bereich E-Commerce sind die Kaufbereitschaft der Zielgruppe und die verschiedenen, verfügbaren Pin-Formate und Features, die zur Veröffentlichung von Produkten auf Pinterest eingesetzt werden können.

4.5.2.1 Pinterest-Nutzer sind kaufbereit

Besonders attraktiv an Pinterest ist für Unternehmen die Kaufbereitschaft der Nutzer. Wie in Abschnitt 4.4 aufgezeigt, ist Pinterest ein sehr wertvoller

Touchpoint für Unternehmen mit ihren potenziellen Kunden. Nutzer besuchen Pinterest nicht nur zur Inspiration, sondern planen und tätigen von dort aus auch Käufe. Im Vergleich mit sozialen Netzwerken wie Facebook oder Instagram hat Pinterest die höchste „Time spent on shopping". Diese macht 31 % der auf Pinterest verbrachten Zeit aus. Während auf Pinterest 83 % der Nutzer zum Kauf eines Produktes durch Inhalte von Marken inspiriert wurden, sind es auf Instagram mit 46 % nur circa halb so viele Nutzer.[97] Diese vorhandene Kaufbereitschaft der Pinterest-Nutzer wurde im Jahr 2017 jedoch nur von 17,8 % der deutschen Online-Händler genutzt.[98]

Auf Pinterest lassen sich zwei Arten von Nutzerkäufen finden. Zum einen gibt es die Nutzer, welche Pinterest aktiv nutzen, um Einkäufe zu planen, zu shoppen und neue Produkte zu finden. Das sind laut Pinterest 55 % der Nutzer.[99] Zum anderen gibt es diejenigen Nutzer, die über Pinterest einen ungeplanten Kauf tätigen, weil sie beim Stöbern auf ein interessantes Produkt gestoßen sind. Laut Pinterest tätigen 66 % einen ungeplanten Kauf von Pinterest aus, weil sie inspirierende Inhalte dazu gesehen haben.[100]

Pinterest ist also nicht nur Rechercheplattform für geplante Käufe, sondern lenkt auch die Aufmerksamkeit von Nutzern auf Produkte und löst Impulskäufe aus. Mit dieser wichtigen Rolle in der Customer Journey von Nutzern und dem Potenzial verschiedene Arten von Käufern auf die Online-Shops von Unternehmen zu leiten, sollte die Plattform auch im Bereich E-Commerce strategisch von Unternehmen genutzt werden.

4.5.2.2 Strategischer Einsatz von Pinterest im E-Commerce

Um E-Commerce-Ziele wie die Erhöhung von Sales zu erreichen, bietet Pinterest verschiedene „Instrumente", die von Unternehmen strategisch eingesetzt werden können. Um Einzelhändler in der Covid-19-Pandemie zu unterstützen, erweiterte Pinterest die bereits vorhandenen Shopping-Features auf der Plattform. Ab April 2020 waren diese in den USA verfügbar und werden nach und nach für alle weiteren Länder freigeschaltet:[101]

---

97   vgl. Chen 2020
98   vgl. Statista.com 2017
99   vgl. Business.pinterest.com (h) 2020
100   vgl. Business.pinterest.com (i) 2020
101   vgl. Newsroom.pinterest.com (b) 2020

☐ **Kaufen über die Suche**

Der Produkt-Feed war eine der eingeführten Neuheiten der Plattform im April 2020. Der Produkt-Feed ist eine Filtermöglichkeit der normalen Suchfunktion auf Pinterest. Gibt der Nutzer eine Suchanfrage, wie z. B. „Frühlingsoutfit" oder „Wohnzimmer Deko", ein, besteht der Ergebnisfeed sowohl aus inhaltlichen Pins als auch aus Produkt-Pins (Pins, die einen Preis anzeigen und direkt zu einem Produkt verlinken). Mit der Filteroption des Produkt-Feeds kann sich der Nutzer einen Ergebnisfeed zu seiner Suchanfrage ausspielen lassen, der nur aus Produkten besteht. Damit die eigenen Pins in diesem Feed ausgespielt werden und Nutzer erreichen, die aktiv nach Produkten suchen, müssen Product Pins genutzt werden (siehe Abschnitt 6.1).

☐ **Kaufen über die visuelle Suche**

Auch die visuelle Suchfunktion erhielt im April 2020 ein Update, um Produkte besser über Pins kaufbar zu machen. Mit dem Tab „Ähnliche Produkte kaufen" werden verwandte, ähnliche Product Pins zu den visuell gesuchten Pins ausgespielt.

☐ **Kaufen über eine Pinnwand**

Neben dem Produkt-Feed ist auch die „Shop from a Board"-Funktion neu auf Pinterest. Die Funktion gibt es vorerst in den Bereichen „Einrichtung" und „Fashion". Haben sich Nutzer zu Themen in diesen Bereichen eine Pinnwand zusammengestellt, stellt Pinterest die „kaufbaren" Pins zusammen und schlägt basierend auf den gemerkten Pins weitere Product Pins vor.[102]

☐ **Shoppen-Tab im Profil**

Pinterest hat den Aufbau der Unternehmensprofile aktualisiert, um den Nutzern Shopping auch direkt über das Profil einer Marke zu ermöglichen. Dazu wurde der „Shoppen"-Tab in die Navigation des Profils integriert, unter dem Marken ihre Produkte direkt präsentieren können. Sowohl für Nutzer, die aktiv nach Produkten einer Marke suchen, als auch für Nutzer, die nur stöbern, ist dieses Tab im Profil nützlich, um einen Überblick über die Produktwelt der Marke zu bekommen.

---

102   vgl. Grigonis 2020

Nützliche Pin-Arten für E-Commerce-Ziele

Als Marketer hat man nicht auf alle Pinterest-Features direkten Einfluss, da zum Beispiel der Produkt-Feed oder die „Shop from a Board"-Funktion vom Algorithmus zusammengestellt werden. Grundlage für das Auftauchen der eigenen Pins in diesen Features ist die Veröffentlichung der Pins als Product-Pins. Neben den Product Pins gibt es noch weitere Pin-Arten, die Marketer für den Bereich E-Commerce effektiv einsetzen können. Alle diese Pins, die zu den strategischen Grundlagen bei der Arbeit mit Pinterest gehören, werden auch noch einmal in Abschnitt 6.1 näher erläutert. Die folgenden Pin-Arten in Tab. 3: Pins für den E-Commerce eignen sich für die Erreichung von Zielen im E-Commerce. Sie unterscheiden sich von den Pin-Arten für das Content-Marketing aus Tab. 2: Pins für das Content-Marketing insofern, dass die hier aufgeführten Pin-Arten mehr darauf ausgerichtet sind Nutzern Produkte zu präsentieren und einen Einkauf dieser Produkte sehr einfach aus Pinterest heraus zu ermöglichen, als inhaltlichen Mehrwert zu bieten.

Pin-Art	Beschreibung
Product Pins	Pins, die mehr Information zu Preis und Verfügbarkeit geben
Shop-the-Look-Pins	Pins, auf denen verschiedene Produkte markiert sind und die direkt zu den Produkten im Shop verlinken
Karussell-Pins	Bei Karussell-Pins lassen sich mehrere Bilder in einem Pin verpacken, die einzelnen Pins können zum Shop verlinkt werden
Promoted Pins	Beworbene Bild oder Video Pins
Promoted App Pins	Beworbene Pins, die auf die Seite der App-Installation verlinken

Tab. 3: Pins für den E-Commerce

Interview mit Kim Stoll von FRECHER FRATZ

Kim Stoll ist Geschäftsführer von FRECHER FRATZ und Head of Strategy bei der digitalen Werbeagentur deepr in Stuttgart. FRECHER FRATZ bietet Eltern Ideen, Tipps und Bastelvorlagen zu Kindergeburtstagen an. Die Ideen und Inhalte der Marke werden erfolgreich auf Google und Pinterest vermarktet.

Kim, welche Rolle spielt Pinterest für die Marke FRECHER FRATZ?

Pinterest ist neben der Google-Suche zentraler Bestandteil unserer Digitalstrategie, was sich auch ganz deutlich in unseren Analytics-Kennzahlen zeigt. Der Traffic auf der Website wird mit je rund der Hälfte von diesen beiden Plattformen gespeist. Das Besondere dabei ist, dass wir Pinterest von Beginn an gezielt zur Unterstützung unserer SEO-Strategie nutzen. Viele Repins auf Pinterest führen gleichzeitig auch zu einer schnelleren und höheren Visibilität auf Google.

Warum lässt sich Pinterest gut in eine Content-Marketing-Strategie integrieren, wie es z. B. bei FRECHER FRATZ der Fall ist?

FRECHER FRATZ entwickelt Ideen rund um den Kindergeburtstag. Pinterest ist hier die ideale Plattform, um diese Ideen visuell aufzubereiten. Zentraler Baustein in unserer Content-Strategie ist dabei die Website. Hier werden die Inhalte in vollem Umfang aufbereitet. Für Pinterest adaptieren wir den Inhalt, entsprechend der Plattform, in kleine Content-Stücke und für die verschiedenen Phasen der Customer Journey.

Was bedeutet es für die Strategie einer Marke auf Pinterest, dass die Plattform kein soziales Netzwerk, sondern eine Suchmaschine ist?

Es gelten nahezu die gleichen Regeln wie für klassische Suchmaschinenoptimierung (SEO): man muss genau wissen, wonach die Zielgruppe sucht und für die verschiedenen Fragestellungen relevante Antworten liefern. Weitergehend entfallen Ressourcen hinsichtlich Community Management komplett, da auf der Plattform keine wirkliche Interaktion in Form von Direct Messages oder Kommentaren stattfindet.

Entgegen dem Trend von sozialen Netzwerken wie Instagram, hin zu immer mehr Snack-Content, welcher oft nur wenige Stunden online ist, bietet Pinterest die Möglichkeit eines langfristigen Sichtbarkeitsaufbaus. Das erfordert jedoch auch etwas Geduld, denn Suchmaschinenoptimierung ist kein Sprint, sondern vielmehr ein Marathon. Es kann mehrere Monate dauern, bis ein Pin sich in den Top-Positionen der jeweiligen Kategorie festgesetzt hat. Umso länger ist jedoch auch die Haltbarkeit.

Was muss man als Unternehmen für eine erfolgreiche Umsetzung der eigenen Website-Inhalten für Pinterest beachten?

Wie immer gilt: die Inhalte müssen an die Plattform angepasst werden. Das beginnt beim Format (nur Hochformat verwenden), über die Gestaltung (ausdrucksstarke Bilder, klare Call-to-Actions) und geht bis zur SEO-optimierten Verschlagwortung des Pins. Außerdem sollte, wie im klassischen SEO, eine Keyword-Recherche durchgeführt werden und zudem analysiert werden, welche Pins in der eigenen Kategorie besonders gut funktionieren.

Ist Pinterest eine Konkurrenz für Google?

Absolut nein. Es werden zwei komplett verschiedene Suchintentionen bedient und die Nutzer befinden sich in einer völlig anderen Phase der Customer Journey.

Inwiefern unterscheiden sich diejenigen Nutzer, die Pinterest bzw. Google verwenden?

Kindergeburtstage sind ein Event, welches einmal im Jahr stattfindet. Die Recherche auf Google findet meist extrem kurz vor dem Kindergeburtstag und damit der Kaufentscheidung statt. Auf Pinterest hingegen entdecken Eltern interessante Ideen für den Geburtstag und speichern (pinnen) sich diese auf Ihren Pinnwänden für einen späteren Zeitpunkt. Dies zeigt sich auch ganz deutlich in unseren Analytics-Daten. Die Conversion-Rate ist bei Google – Auf Grund der Dringlichkeit – deutlich höher. Allerdings können wir mit Pinterest die Kaufentscheidung bereits in einer extrem frühen Phase beeinflussen, welche dann zu einem späteren Zeitpunkt stattfindet.

Welche Bedeutung wird Pinterest aus deiner Sicht in Zukunft im Online Marketing von Unternehmen einnehmen?
Pinterest wird weiter an Bedeutung gewinnen, da die Nutzerzahlen stark steigen. Die visuelle Suche ist dabei für bestimmte Kategorien und Branchen bedeutender als für andere. Weiterhin wird die Professionalisierung des Werbenetzwerks von Pinterest auch mehr Unternehmen anziehen, die gar nicht mit eigenen Inhalten auf der Plattform aktiv sind, jedoch die Möglichkeiten der Pay-per-Click (PPC) Werbung für sich in Betracht ziehen.

Learnings zu Kapitel 4

- Die Pinterest-Zielgruppe wächst (**300 Millionen** weltweite Nutzer)
- 75 % der Pinterest-Nutzer leben **außerhalb der USA**
- In Deutschland nutzen ca. 8,3 bis 11,2 Millionen Menschen Pinterest
- 72 % der Pinterest-Nutzer sind **weiblich**
- In Deutschland nutzen 51 % der 14- bis 19-Jährigen, 44 % der 20- bis 29-Jährigen und 37 % der 30- bis 39-Jährigen Pinterest
- Pinterest funktioniert für **verschiedene Branchen**, vor allem auch in thematischen Nischen
- Auf Pinterest herrscht weniger Konkurrenz, da nur 25 % der weltweiten Unternehmen die Suchmaschine als Marketingkanal nutzen
- Inhalte auf Pinterest sind **langlebig**, ein Pin erzeugt 50 % seiner Interaktionen innerhalb von **3,5 Monaten** – das bedeutet langlebiger organischer Traffic
- Pinterest eröffnet für Unternehmen einen effektiven Touchpoint in der **Customer Journey** ihrer Zielgruppe
- **Touchpoint:** Kontaktpunkt, bei denen eine Interaktion zwischen einem potenziellen Kunden und einem Unternehmen stattfindet
- Nutzer können sich in **allen Phasen** ihrer Customer Journey (Awareness, Consideration, Purchase, Loyalty) auf Pinterest bewegen
- Inhalte für Pinterest sollten auf alle Phasen und die jeweiligen **Nutzungsintentionen** ausgerichtet sein
- Pinterest funktioniert in den Bereichen **Content-Marketing** und **E-Commerce**
- Verschiedene **Pinterest Features** und **Pin-Arten** lassen sich jeweils für die Bereiche Content-Marketing und E-Commerce einsetzen

5 Das Pinterest Business Profil richtig aufbauen

Auch, wenn jedes Unternehmen und jede Marke basierend auf Branche, Zielgruppe und Zielsetzung natürlich eine individuelle Strategie zur Nutzung von Pinterest entwickeln wird, gibt es einige grundlegende Schritte und Regeln, die es bei der strategischen Nutzung von Pinterest zu beachten gilt. Daneben gibt es noch jede Menge Best-Practice-Tipps, wie ein Pinterest-Profil optimiert werden kann.

5.1 Das Business-Profil verifizieren

Um als Unternehmen alle Vorzüge von Pinterest nutzen zu können, sollte ein Pinterest Business Account angelegt werden. Dies kann direkt bei Neuregistrierung vorgenommen werden. Alternativ kann auch ein bereits bestehendes, privates Konto in den Einstellungen zu einem Unternehmenskonto umgewandelt werden. Das Business-Profil kann dann mit Profilfoto, Standort und Beschreibungstext ausgefüllt werden. Um den Status des Business Accounts zu erlangen, muss dieses über die eigene Website verifiziert werden.

Alternativ kann die Verifizierung auch über ein Etsy-Konto oder andere Konten in sozialen Netzwerken abgeschlossen werden. Die Umwandlung des eigenen Pinterest-Profils in ein Business-Profil hat den Vorteil, dass auf allen selbst erstellten Pins und auf Pins, die sich Nutzer von der Website merken, Name und Profilbild erscheinen, was zu einem kostenlosen Branding-Effekt führt. Außerdem erhalten Business Accounts Zugriff auf Pinterest Analytics und können dort die Performance ihrer Pins verfolgen.

Zum Verifizieren der eigenen Website muss entweder ein Meta-Tag dem Head hinzugefügt oder eine HTML-Datei in den HTML-Code geladen werden. Um die Website mit einem Meta-Tag zu verifizieren, müssen folgende Schritte befolgt werden:

- ☐ Anmeldung in Pinterest über den Webbrowser und Öffnen der Pinterest Einstellungen.
- ☐ Klick auf „Verifizieren".

- ☐ Im Abschnitt „Webseite verifizieren" muss nun die URL der eigenen Webseite eingegeben und auf „Verifizieren" geklickt werden.
- ☐ Dann die Option „HTML-Tag hinzufügen" auswählen.
- ☐ Anschließen das Tag kopieren und auf „Weiter" klicken.
- ☐ In der „index.html"-Datei der eigenen Webseite muss dieses Tag dem Abschnitt <head> vor dem Abschnitt <body> hinzugefügt werden.
- ☐ Danach zurück zu Pinterest wechseln, und auf „Absenden" klicken.

Weitere Informationen zur Verifizierung der eigenen Website lassen sich unter https://help.pinterest.com/de/business/article/claim-your-website finden.

5.2 So sieht ein gutes Pinterest-Profil aus

Legt man als Unternehmen ein Business-Profil auf Pinterest an, gibt es einige Dinge zu beachten. Zwar suchen Nutzer weniger marken- und mehr inhaltsbezogen, doch überzeugen Pins einer Marke die Nutzer, werden diese vermutlich auch das zugehörige Profil besuchen, um mehr zu erfahren. Um Nutzern beim Besuch des Profils übersichtlich die wichtigsten Informationen zu liefern, sollte folgendes beachtet werden. Als Profilbild sollte das Logo oder ein bekanntes Key Visual der eigenen Marke eingesetzt werden. Außerdem sollten die URL zur Website und ein kleiner Beschreibungstext über das Unternehmen hinzugefügt werden, der möglichst relevante Suchbegriffe für die Zielgruppe enthält.

> **Praxis-Tipp:** Pinterest generiert aus den zuletzt gepinnten Pins ein Header-Bild für das Profil. Dieses Header-Bild kann auch mit einem individuellen Motiv personalisiert werden. Dafür kann ein eigenes Header-Bild im Format 16:9 oder sogar ein Video im Format 16:9, maximal 2 GB und fünf Minuten lang, hochgeladen werden. Ein solch personalisierter Header hebt das eigene Profil auf jeden Fall von anderen Profilen ab und erregt die Aufmerksamkeit der Nutzer.

Die Marke Cat's Best verwendet, wie in Abb. 16 gezeigt, beispielsweise ihren TV-Werbespot als Video-Header. Dieser Video-Header spricht den Besucher des Profils direkt emotional an und gibt gleichzeitig die wichtigsten Informationen über die Marke und ihre Produkte.

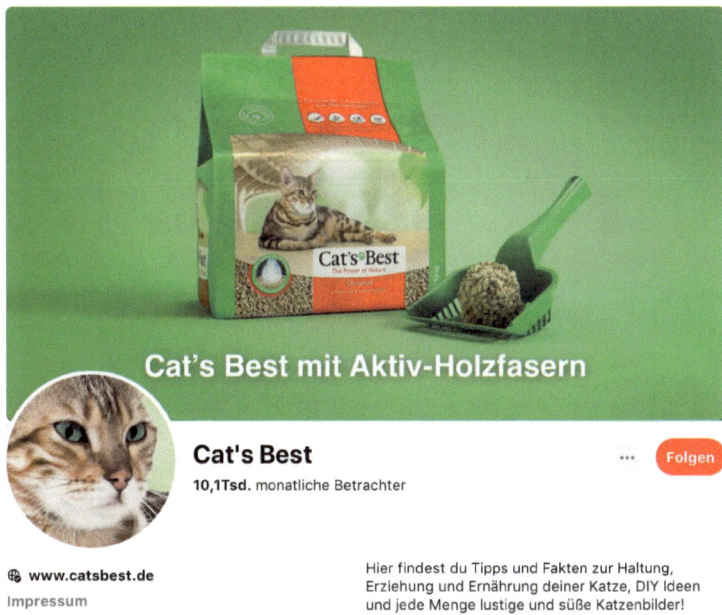

Abb. 16 Die Marke Cat's Best nutzt ihr Werbevideo als Header
(Quelle: https://www.pinterest.de/catsbestde/)

Pinnwände richtig aufbauen

Steht der Pinterest Business Account, geht es an den inhaltlichen Aufbau des Profils. Um dieses so relevant wie möglich für Nutzer zu gestalten, sollte es strukturiert mit sinnvollen Themen-Pinnwänden aufgebaut sein. Dies können zum Beispiel verschiedene inhaltliche Website-Themen, Produktkategorien oder Produkte sein. Generell macht es Sinn, sich beim Aufbau des Profils an der Struktur der eigenen Website zu orientieren. Es gilt die Regel: lieber mehr spezifische Themen-Pinnwände als wenige breit gefasste. Die Marke Dr. Oetker hat über 100 Pinnwände zu verschiedenen Themen-Kategorien, die je Pinnwand beispielsweise Kuchen-Sorten (z. B. eine Pinnwand zu Apfelkuchen), Arten von Gerichten (z. B. eine Pinnwand zu Auflauf-Gerichten), Zutaten (z. B. eine Pinnwand zu Desserts mit Erdbeeren) oder Rezeptarten (z. B. eine Pinnwand mit Rezepten für Kinder) umfassen.

Da Nutzer ihre Suche auf Pinterest immer weiter verfeinern möchten um zu einem relevanten Ergebnis zu gelangen, sollten auch Pinnwände spezifisch erstellt werden. Stehen Themen-Pinnwände fest, sollten diese zusätzlich aussagekräftig benannt werden. In der Benennung der Pinnwand sollte unbedingt das Haupt-Keyword zur Suchanfrage stecken. Mit einer kurzen Benennung stellt man sicher, dass der komplette Titel unter der Pinnwand angezeigt wird. Eine weitere Optimierungsstrategie für die eigenen Pinnwände ist die Erstellung einheitlicher Cover-Bilder. Wie in Abb. 17 am Beispiel der Pinnwände von Dr. Oetker gezeigt, können für Pinnwand-Cover beispielsweise farbige Hintergründe mit Titel der Pinnwand und kleinem Slogan verwendet werden. Gut funktionieren auch thematisch passende Bilder mit Text-Overlay. Mit einer prägnanten textlichen Beschreibung wird dem Nutzer direkt klar, was ihn auf dieser Pinnwand erwartet. Neben diesem Mehrwert für den Nutzer lassen einheitliche Pinnwand-Cover das Profil natürlich auch ansprechender aussehen.

Abb. 17 Pinnwand-Cover der Marke Dr. Oetker mit einheitlichem Design (Quelle: https://www.pinterest.de/droetkerdeutsch/boards/)

5.3 Die wichtigsten Regeln bei der Nutzung von Pinterest

Nachdem das Business-Profil vollständig eingerichtet ist, kann mit dem Pinnen begonnen werden. Vor dem Erstellen und Hochladen von Pins, empfiehlt es sich für die Strategie-Entwicklung mit den folgenden Regeln und Tipps für erfolgreiches Pinnen vertraut zu sein.

- **Richtig Pinnen**
  Um die eigenen Pinnwände optimal mit Content zu befüllen gibt es folgende Faustregeln:
  - ▷ Nach der **5-50-5-Regel** sollten auf einem Profil mindestens 5 verschiedene Pinnwände bestehen, auf denen jeweils mindestens 50 Pins eingestellt sind. Pro Tag sollten mindestens 5 weitere Pins gemerkt werden.
  - ▷ Die **80:20-Regel** bezieht sich auf das Verhältnis von Eigen- und Fremdpins. So enthält eine optimale Pinnwand 80 % eigene Pins und 20 % Repins.[103] Passende Fremd-Pins können mit geeigneten Keywords in der Suchleiste, im Start-Feed oder auch über die „Weitere Ideen"-Funktion in der Pinnwand gefunden werden.
- **Pin-Formate**
  Besonders wichtig für die Erstellung von Pinterest-Inhalten ist die Tatsache, dass weltweit rund 85 % der Zugriffe mobil über die Pinterest-App erfolgen.[104] Pins sollten also, sowohl inhaltlich als auch vom Format, auf diese hohe mobile Nutzung ausgerichtet sein.
  Pinterest gibt als optimale Pin-Größe ein vertikales Bildverhältnis von 2:3 an, am besten 600 auf 900 Pixel. Je nachdem welche Inhalte der Pin zeigt, können jedoch auch andere Pin-Größen sinnvoll sein. Beispielsweise kann ein ausführlicher Erklär-Pin mit mehreren Bildern durchaus länger sein. Im Feed würde er vielleicht auch gerade durch seine Länge auffallen. Trotzdem sollte darauf geachtet werden, Pins, wenn möglich, kurz zu halten, damit sie optimal auf einem mobilen Display dargestellt werden. Neben Bilder-Pins gibt es auf Pinterest natürlich auch noch andere Pin-Arten, wie Video oder Promoted Pins. In der nachfolgenden Übersicht sind die aktuellen Größen (Stand 2020) für Inhalte auf Pinterest aufgelistet:[105]

---

103   vgl. Grabs / Bannour / Vogl 2018, S. 333f
104   vgl. Business.pinterest.com (a) 2020
105   vgl. Business.pinterest.com (j) 2020

▷ **Standard-Bild-Pin**: empfohlene Größe 2:3, 600 x 900px oder 1000 x 1500px; Png oder Jpg; maximal 32 MB

▷ **Organische Video-Pins**: empfohlene Größe quadratisch 1:1 oder vertikal 2:3, 9:16; Minimum 4sek, Maximum 15min; maximal 2GB

▷ **Promoted-Pins**: empfohlene Größe 2:3, 600 x 900px oder 1000 x 1500px; Png oder Jpg; maximal 32 MB

▷ **Promoted Video-Pins**: quadratisch 1:1 oder vertikal 2:3, 9:16; Minimum 4 Sek. Maximum 15 Min; maximal 2GB

☐ **Pins sinnvoll verlinken**

Finden Nutzer einen passenden Pin zu ihrer Suchanfrage und folgen diesem auf die verlinkte Website, tun sie das mit einer gewissen Erwartungshaltung. Denn der Pin teasert einen Inhalt oder ein Thema an, über das der Nutzer mehr erfahren möchte. Deshalb ist es wichtig, den Pin mithilfe eines Ankerlinks genau an die Stelle im eigenen Blog zu verlinken, die sich mit dem auf dem Pin gezeigten Thema auseinandersetzt.

Landet der Nutzer nicht genau dort, wo er hinmöchte, sondern z. B. auf der Startseite oder am Anfang eines langen Blogartikels wird er in seiner aufgebauten Erwartungshaltung enttäuscht und verlässt womöglich die Seite direkt wieder. Mit einem einfachen Trick, nämlich dem Setzen von Ankerlinks, kann das direkte Abspringen der Nutzer vermieden werden.

5.4 Inhalte und Gestaltung von Pins

5.4.1 Inhalte

Auf Pinterest dreht sich alles um eines: Inhalte. Nutzer bewegen sich auf Pinterest, um hochwertigen Content zu finden, sich von wertvollen Ideen inspirieren zu lassen oder um sich einfach an ästhetischen Bildern zu erfreuen. Deshalb ist die Produktion hochwertiger Inhalte der Grundstein einer erfolgreichen Pinterest-Präsenz. Auf Pinterest funktionieren unterschiedliche Inhalte – von Fotos über Infografiken bis zu Videos. Je nach Nutzungsintention und der Phase ihrer Suche erwarten Nutzer unterschiedliches.

Sind die Nutzer z. B. am Anfang ihres Suchprozesses auf der Suche nach Inspiration oder wissen noch nicht genau nach was sie suchen, können sie hier gut mit hochwertigen Bilder-Pins angesprochen werden. In dieser Stöberphase ist das Involvement der Nutzer zu spezifischen Themen teilweise noch gering. Daher dürfen Pins nicht zu komplex gestaltet oder der Informationsgehalt zu hoch sein. Um die Nutzer zu überzeugen, müssen die Inhalte vor allem visuell ansprechend sein.

Schreitet die Recherche der Nutzer weiter fort, steigt damit ihr Interesse bzw. ihr Involvement in bestimmte Themen und Ideen. Daran sollten auch die Pins inhaltlich und gestalterisch angepasst werden. Nutzer suchen z. B. nach konkreten Anleitungen und Umsetzungsmöglichkeiten von Ideen. Der Informationsgehalt eines Pins sollte hier höher sein. Für diese Recherchephase der Nutzer eignen sich verschiedene Pins. Anleitungspins können die Anleitung einer Idee mit mehreren Schritten in einem einzigen Bild zeigen oder auch als sogenannter Karussell-Pin (siehe Abschnitt 6.1) aus mehreren Bilder zum Swipen bestehen. Denkbar ist auch die Umsetzung einer Anleitung als Video. Overlay-Text verleiht einem reinen Bilder-Pin mehr Informationsgehalt. Und auch Infografiken oder Produkte, die auf einem Pin gezeigt werden, können für den Nutzer mit fortschreitender Suche interessant werden.

Welche Inhalte ein Unternehmen auf Pinterest veröffentlichen kann, hängt letztlich natürlich aber auch immer von den eigenen Ressourcen ab. Generell sollten sich in den auf Pinterest veröffentlichten Pins die Themen der eigenen Website widerspiegeln. Denn Pins sollten, um die Suche der Nutzer vollständig bedienen zu können, immer auf eine ausführliche Landingpage verlinken. Website-Inhalte können und sollten in verschiedenen Inhalts-Formaten umgesetzt werden, um die verschiedenen Bedürfnisse und Suchintentionen von Nutzern anzusprechen. Zur Vereinfachung der Pin-Planung kann diese deshalb auch direkt an die Redaktionsplanung von Content-Marketing oder Social Media angeschlossen werden.

Um neue Themen und Themenpotenziale zu finden, können Unternehmen die Zielgruppen-Insights in Pinterest Analytics nutzen. Hier lässt sich herauslesen, zu welchen Kategorien und Interessensgebieten ihre Zielgruppe eine hohe Affinität besitzt. Nicht außer Acht zu lassen sind auch saisonale Themen, Trends und Feiertage, zu welchen Pins und Boards erstellt werden sollten, falls Unternehmen über passenden Content verfügen. Mit dem jährlichen Trendreport von Pinterest und dessen monatlichen

Einblicken zu Interessenskategorien und Suchanfragen ergibt sich eine gute Basis für die Planung dieser Themen.

Noch mehr Tipps zur inhaltlichen Gestaltung von Pins gibt es unter: https://business.pinterest.com/de/Pinterest-content-tips

5.4.2 Gestaltung

Da Pinterest eine visuelle Plattform ist, spielt die visuell hochwertige Ausgestaltung von Pins eine ausschlaggebende Rolle für eine erfolgreiche Präsenz auf Pinterest. Gestaltung bedeutet in diesem Sinne aber nicht nur die ästhetische, visuelle Ausgestaltung des Pins, sondern auch das Hinzufügen von Kontext über Gestaltungselemente und textliche Komponenten. Bei der Gestaltung von Pins sind verschiedene Punkte wichtig:

- ☐ Inhalte sollten in einem passenden Format umgesetzt werden.
- ☐ Pins müssen verschiedene Nutzerbedürfnisse und Suchintentionen ansprechen und so die Aufmerksamkeit der Nutzer erregen.
- ☐ Pins können verschiedene Stufen an Informationsgehalt und Komplexität haben.
- ☐ Pins sollten zum Auftreten der Marke passen.
- ☐ Ähnlich gehaltene Pins können einen Branding-Effekt hervorrufen.

Inhalte im passenden Format umsetzen

Inhalte sind nicht gleich Inhalte. Je nachdem welches Content- oder Produkt-Angebot eine Marke hat, stellt sie ihren Website-Nutzern dort unterschiedliche Inhalte zur Verfügung. Inhalte können informativ oder emotional, oberflächlich oder tiefgründig sein und in Form von Bildern, (Blog-)Texten, Videos, Podcasts, Whitepaper oder anderen Formaten umgesetzt sein. Um als Unternehmen den eigenen Content erfolgreich auf Pinterest zu verbreiten, ist daher der erste Schritt, die eigenen Inhalte richtig einzuordnen. Daraus ergeben sich Hinweise, wie diese Inhalte für Pinterest umgesetzt werden können.

Bilder und Videos lassen sich prinzipiell immer gut auf der visuellen Plattform Pinterest einsetzen. Hier sollte jedoch nicht einfach das Bild- und Videomaterial auf die Plattform hochgeladen werden, ohne es für den Zweck von Pinterest zu optimieren. Besitzt ein Unternehmen weniger Bildmaterial oder keine „realen" Produkte, die fotografiert werden können wie Software oder Download-Produkte, kann es auch seine textlichen Inhalte für Pinterest

umsetzen. Hierfür eignen sich z. B. Infografiken oder „Instructographics",
sprich Pins, die mit einer Mischung aus Illustration und Text eine Anleitung
zeigen. Auch virtuelle Produkte lassen sich digital gestaltet für Pinterest
abbilden. Abb. 18 zeigt zwei Beispiele solch alternativer Lösungen bei nicht
vorhandenem Bildmaterial.

Die Marke Lieblingsbrief hat ihren Blogbeitrag zur Anleitung von selbst-
gemachten „Öffnen wenn Briefe" und die Inhalte und Tipps, welche der
Nutzer im Blogbeitrag finden kann als Infografik umgesetzt. Die Infografik
erregt durch den Einsatz von Icons und Farbe auch ohne Bildmaterial die
Aufmerksamkeit der Nutzer und gibt zugleich viel Information.

Auch die Marke FISCH setzt anstelle von Bildmaterial alternative gestalterische Mittel für ihre Pins ein. Auf der Website der Marke werden
Download-Vorlagen mit Anleitungen und Übungen zur Verbesserung der
eigenen Handschrift angeboten. Um dem Nutzer diese digitalen Produkte
auf Pinterest zu zeigen, bestehen die Pins nicht aus Fotografien des ausge-
druckten Produkts, sondern aus einer digital zusammengestellten Vorschau
der Produkte. Diese Art der Präsentation von digitalen Produkten verleiht
den Pins eine minimalistische und professionelle Wirkung. Zugleich ist die
digitale Umsetzung der Produkte einfacher und flexibler durchführbar als
ein Fotoshooting des fertigen Produktes.

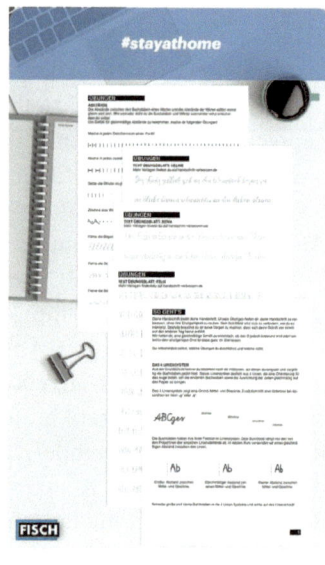

Abb. 18 Alternative Pin-Gestaltung bei fehlendem Bildmaterial (Quelle: Lieblingsbrief: https://www.pinterest.de/pin/429179039476904657/
FISCH: https://www.pinterest.de/pin/713539134699832830/)

Für die Umsetzung von Content auf Pinterest gilt: Inhalte sollten gestalterisch so aufbereitet werden, dass sie zum Medium Pinterest und der Erwartungshaltung der Nutzer dort passen und gleichzeitig auch die Botschaft des Inhalts entsprechend aufbereitet transportieren. Auf Pinterest funktionieren inspirierende, interessante, emotionale und ästhetische Inhalte. Was es für eine zielgruppengerechte Gestaltung von Pins zu beachten gilt, zeigen die folgenden Punkte.

Nutzerbedürfnisse und Suchintentionen

Lädt man einen Pin auf Pinterest hoch, muss man davon ausgehen, dass dieser Pin von Nutzern mit verschiedenen Bedürfnissen gesehen wird. Nutzer können die gleiche Suchanfrage, dabei aber verschiedene Suchintentionen haben. Bei der Suchanfrage „Geburtstags Deko basteln" kann ein Nutzer zum Beispiel eine Ideen-Übersicht zu Geburtstags-Deko suchen. Vielleicht sucht er aber auch nach einer besonders einfachen und schnellen Deko-Idee. Vielleicht hat der Nutzer aber auch viel Zeit zur Geburtstagsvorbereitung und möchte eine aufwändige Deko selbst machen.

Auch wenn der Nutzer seine Suche mit entsprechenden Keywords verfeinern wird, beginnt die Suche oft mit einer generischen, breiteren Suchanfrage. Bietet eine Marke dem Nutzer in diesem Moment schon einen Pin an, welcher zu seiner Suchanfrage passt, kann dies den Nutzer zum eigenen weiterführenden Content-Angebot führen.

Für die Gestaltung bedeutet dies konkret, zu einem Thema nicht nur einen Pin zu produzieren, sondern das gleiche inhaltliche Thema in vielen Pins umzusetzen und dabei verschiedene Aspekte aufzugreifen. Ansprechend gelöst werden kann dies zum Beispiel über Text-Overlays, Buttons oder Call-to-Action-Elemente. So kann der gleiche Inhalt die Aufmerksamkeit verschiedener Nutzer erregen und ihnen über (textliche) Gestaltung den Mehrwert bieten, welcher ihren Bedürfnissen am meisten entspricht.

Das Ausgestalten vieler unterschiedlicher Pins führt nicht nur zu einer Relevanz-Erhöhung für die Nutzer, sondern wirkt sich auch positiv auf die eigene Pinterest-Präsenz aus. Denn der Pinterest-Algorithmus bewertet Profile besser, welche Nutzern regelmäßig viel Content zur Verfügung stellen (siehe Abschnitt 3.2.2).

Ein hervorragendes Best-Practice-Beispiel zur Gestaltung von Pins ist das Profil der Marke „Backen macht glücklich" (https://www.pinterest.de/glueckbacken/). Auf seinem Pinterest-Profil mit 3,5 Millionen monatlichen Betrachtern veröffentlicht das Blog-Magazin jede Menge Backrezepte rund um Kuchen, süßes Gebäck und Co. Dabei setzt die Marke eine (inhaltliche) Rezept-Idee immer in verschiedener optischer Pin-Gestaltung um und versieht die Pins auch mit unterschiedlichem Kontext in Form aussagekräftiger Keywords.

Abb. 19 zeigt eine Auswahl von Pins der Marke „Backen macht glücklich" zu einem Rezept für selbstgemachte Müsliriegel. Visuell sind die Pins ähnlich gehalten: Ästhetische, hochaufgelöste Bilder zeigen das Endprodukt (die Idee) des Pins. Alle Pins sind zudem mit dem Logo von „Backen macht glücklich" ausgestattet.

Abb. 19 Pins der Marke „Backen macht glücklich", die mit dem gleichen Inhalt in unterschiedlicher Gestaltung verschiedene Bedürfnisse ansprechen (Quelle: Pins aus Pinnwand https://www.pinterest.de/glueckbacken/gesunde-backrezepte/)

Die ähnlich gehaltene Gestaltung der Pins und der Einsatz des Logos hebt den Wiedererkennungswert der Pins im Feed der Nutzer. Fast alle Pins haben zudem einen variierenden Overlay-Text. Mit diesem werden direkt verschiedene Nutzerbedürfnisse und Suchintentionen angesprochen.

- **Pin 1** „vegan & ohne Industriezucker": Nutzergruppe der Veganer; Nutzergruppe, die gesunde Rezepte interessant findet
- **Pin 2** „einfach selbermachen ohne Backen": Nutzergruppe, die nach einfachen Rezepten sucht; Nutzergruppe, die noch nicht viel Back-Erfahrung hat
- **Pin 3** „in nur 10 Minuten fertig": Nutzergruppe, die nach schnellen Rezepten sucht, oder der wenig Aufwand wichtig ist
- **Pin 4:** kann die Aufmerksamkeit aller Nutzergruppen wecken
- **Pin 5, Pin 6** „gesund": Nutzergruppe, die nach gesunder, selbstgemachter Alternative zum gekauften Produkt sucht

Dieses Best-Practice-Beispiel von „Backen macht glücklich" zeigt anschaulich, wie man mit einfachen Gestaltungsmitteln Kontext und somit Relevanz von Pins für verschiedene Nutzergruppen erhöhen kann. Denn auf Pinterest reicht es nicht einfach Inhalte in einem schönen Bild ein einziges Mal hochzuladen. Nutzer haben verschiedene Bedürfnisse und somit auch verschiedene Erwartungshaltungen bei ihrer Suche. Um dieses Spektrum abzudecken, sollten die Pins für jede inhaltliche Thematik in ihrer Gestaltung variieren.

Verschiedene Komplexitätsstufen von Pins

Nachdem nun klar ist, wie die Gestaltung von Pins unterschiedliche Nutzertypen ansprechen kann, wird in diesem Abschnitt ein weiteres Element vorgestellt, welches Nutzerentscheidung für einen Pin beeinflusst: die Komplexität des transportierten Inhalts. Im Beispiel von Backen macht glücklich wurde das gleiche Visual des Müsliriegels verwendet, wobei die (textliche) Gestaltung variiert. Verwendet man textliche Komponenten oder mehrere Bilder für einen Pins, lässt sich die Komplexität und der Informationsgehalt eines Pins variieren. Dies ist vor allem in Bezug auf das Suchverhalten auf Pinterest interessant. Bei der Aufbereitung von Inhalten für Pinterest sollte sich ein Unternehmen immer vor Augen halten, wie eine mögliche Suche der Nutzer auf Pinterest abläuft und welche Art von Informationen Nutzer in welcher Suchphase suchen. Mit Abb. 20 wird die Abstimmung von Pins auf das Suchvorgehen der Zielgruppe am Beispiel der Marke FRECHER FRATZ erläutert.

☐ In der ersten Phase ihrer Suche zur Vorbereitung von Kindergeburtstagen haben die Nutzer die Suchintention „Was kann ich machen?". Sie suchen nach Ideen und Inspiration, ohne schon eine konkrete Vorstellung zu haben. In der ersten Suchphase erwarten die Nutzer inspirierende Ideen, Pins müssen einfach gehalten sein und vor allem durch das eingesetzte Visual und nicht unbedingt durch Text überzeugen. Um die Aufmerksamkeit der Nutzer am Anfang ihrer Suche zu erregen, sind Pins deshalb ästhetische Bilder ohne textlichen Informationsgehalt, wie z. B. der Pin 1 in Abb. 20.

☐ In der zweiten Suchphase vertieft sich die Recherche der Nutzer. Mit der Suchintention „Wie mache ich es?" suchen sie nach konkreten Umsetzungsmöglichkeiten. Das Involvement der Nutzer ist jetzt hoch und sie suchen spezifisch bspw. nach Anleitungen. Deshalb sind für die Nutzer jetzt Pins interessant, die mehr Informationsgehalt haben. Solche komplexeren Pins zeichnen sich durch die Verwendung mehrerer Bilder, textlicher Komponenten sowie Buttons aus. Die Nutzer erhalten so mehr Information zu ihrer Suche und können die Relevanz des Pins für sie selbst besser einschätzen. Besonders wichtig ist es, die Pins und vor allem das Wording auf die Nutzertypen und ihre Bedürfnisse und Suchintentionen auszurichten. Wie dies umgesetzt werden kann, zeigen die Pins 2 und 3 in Abb. 20. Hier werden benötigtes Bastelmaterial für die Idee und sogar die ganze Anleitung über einen Pin transportiert, was im Vergleich zum ersten Pin viel mehr Information auf einmal für den Nutzer bedeutet.

Bei der Gestaltung von Pins ist es also hilfreich, die Zielgruppe und deren Nutzerbedürfnisse sowie das Suchverhalten auf Pinterest zu kennen. Danach lassen sich Pins variabel gestalten, die verschieden komplexe Informationen transportieren. Mithilfe von unterschiedlichen Gestaltungsansätzen, wie dem Hinzufügen von Text oder mehreren Bildern, kann der gleiche Inhalt mit unterschiedlich viel Kontext in unterschiedlich komplexen Pins transportiert werden. Dies ist wichtig, um die Nutzer in den verschiedenen Phasen ihrer Customer Journey mit dem richtigen Maß an Informationen zu versorgen.

Abb. 20 Pins der Marke FRECHER FRATZ, welche den gleichen Inhalt in verschiedenen Komplexitätsstufen darstellen
(Quelle: Pins aus Pinnwand https://www.pinterest.de/meinfrecherfratz/feuerwehr-geburtstag/)

Corporate Design und Branding-Effekte durch Gestaltung

Entscheidet sich eine Marke für die Veröffentlichung von Inhalten auf Pinterest, sollte sich das Marketing-Team im ersten Schritt über ein einheitliches Gestaltungskonzept der Pins klar werden. Wichtig ist es hierbei, die Pins für die Plattform so umzusetzen, dass die Inhalte ansprechend und verständlich transportiert werden, diese aber auch zum allgemeinen Auftreten der Marke passen. Nur wenn die Inhalte und deren Gestaltung für den Nutzer authentisch und ansprechend sind, wird er sich gerne mit dem

Content und der dahinterstehenden Marke und ihren Produkten auseinandersetzen. Auch wenn bei der Pinterest-Suche Markennamen für die Nutzer eine geringere Rolle spielen, kann mit einer einheitlichen Pin-Gestaltung und dem so erzeugten Wiedererkennungswert eine Art Branding-Effekt im Feed der Nutzer erzeugt werden. So können sich die eigenen Pins in der Suchmaschine auch von denen der Wettbewerber abheben und dabei die Aufmerksamkeit der Nutzer erregen.

Pins einer Marke können zudem dezent mit einem Logo versehen werden. So wirkt dieses nicht störend, hilft jedoch, die Awareness der Nutzer für die eigene Marke zu steigern. Das Logo sollte am besten nicht in der unteren rechten Ecke platziert sein, da Pinterest dort gegebenenfalls das Produktsymbol über den Pin legt.[106]

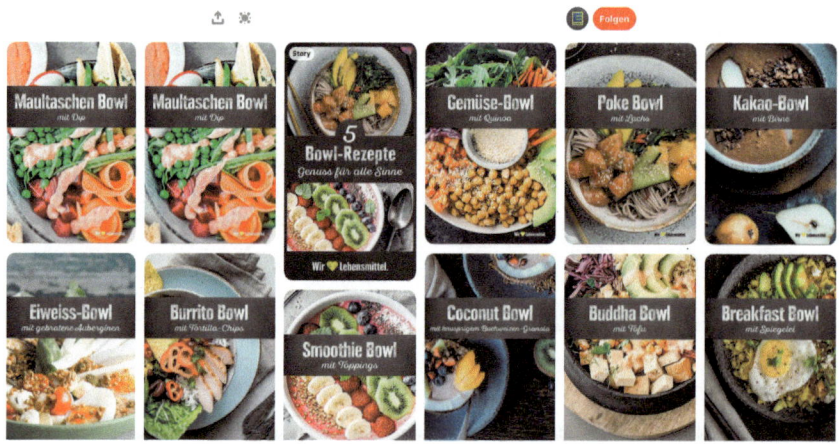

Abb. 21 Pins der Marke EDEKA, bei denen das Corporate Design der Marke verwendet wird (Quelle: https://www.pinterest.de/edeka/bowls/)

Bei der Integration des eigenen Corporate Designs in die Pin-Gestaltung ist die Marke EDEKA ein Best-Practice-Beispiel. Auf allen Pins der Marke wird Overlay-Text mit der bekannten weißen Kreideschrift auf Tafeluntergrund dargestellt. Beispielhaft ist dies mit einem Screenshot der Pinnwand „Bowls" in Abb. 21 dargestellt. Dieses charakteristische Design der Pins verbinden Nutzer direkt mit der Marke EDEKA, da die gleichen Visuals auch auf

---

106   vgl. Business.pinterest.com (k) 2020

anderen online und offline Kommunikationsmitteln der Marke eingesetzt werden.

Der flexible Overlay-Textbalken verleiht dem Pin einen klaren Wiedererkennungswert, ohne den inspirierenden Charakter des Pins zu verlieren. Auch der mit der Marke EDEKA verbundene Claim „Wir lieben Lebensmittel" wird zum Branding der Pins eingesetzt. Die Verwendung dieser den Nutzern bekannten Design-Elemente führt dazu, dass die Marke sich nicht erst neu auf Pinterest etablieren muss. Nutzer erkennen die Gestaltung der Inhalte und somit auch die Marke. Diese Umsetzung der Key Visuals aus dem eigenen Corporate Designs für Pins unterstützt nicht nur das kanalübergreifende Branding einer Marke, sondern hat auf Pinterest auch den positiven Effekt, dass Nutzer eine Marke wiedererkennen und schneller Vertrauen zum Profil und den bereitgestellten Inhalten aufbauen.

Praxis-Tipp: Auch wenn es für Branding-Effekte durchaus gut ist, Kategorie-übergreifend ähnlich gestaltete Pins zu verwenden, sollte die Gestaltung der Pins auch immer wieder variiert und Neues ausprobiert werden. Hinweise auf eine gute Gestaltung findet man auch in den Pinterest Analytics. Pins mit denen Nutzer viel interagieren sind eigene Best-Practice-Beispiele. Noch mehr Tipps zur Gestaltung von Pins gibt es unter: https://business.pinterest.com/de/creative-best-practices

Interview mit Kathrin von Backen macht glücklich

Backen macht glücklich ist einer der erfol-
greichsten deutschen Foodblogs. Hinter der
Marke steckt Kathrin Runge, die auf dem Blog
ihre Leidenschaft für Backen und Schreiben
auslebt. Auf Pinterest erreichen die Rezeptideen von Backen macht glücklich 215-tau-
send Follower und 4,4 Millionen monatliche
Betrachter.

**Kathrin, wie hast du es geschafft diese große Reichweite auf
Pinterest aufzubauen?**
Das Wichtigste ist meiner Meinung nach, natürlich guten Content zu
haben – also schöne Bilder zu relevanten Themen, in meinem Fall
Rezepte; und dann natürlich über eine lange Zeit konsequent regelmäßig
zu pinnen. Ich pinne derzeit jeden Tag ca. 25 eigene Bilder.

**Was müssen Pins deiner Meinung nach erfüllen, um bei der
Zielgruppe erfolgreich anzukommen?**
Pins müssen auf jeden Fall optisch schön sein (also z. B. richtige
Belichtung, guter Bildaufbau, optisch ansprechendes Gebäck), relevante
Inhalte zeigen und mit treffenden Texten beschrieben werden.

Wie gehst du bei der Erstellung von Inhalten für Pinterest vor?
Ich pinne sowohl die normalen Bilder als auch zusammengestellte Bilder
mit Text-Overlay. Sowohl bei diesem als auch bei der Beschreibung
versuche ich, möglichst gut die relevanten Keywords einzubauen und
Lust auf mehr zu machen.

Welche Pin-Formate nutzt du für die Veröffentlichung der Inhalte?

Bei uns werden alle Rezepte automatisch als Rich Pins, also mit Zutaten, angezeigt.

Gibt es aus deiner Sicht Vorteile die Pinterest gegenüber den Plattformen Facebook und Instagram hat?

Definitiv. Während Beiträge bei Facebook und Instagram ja sehr schnell verschwinden, also nach unten rutschen, oder durch den Algorithmus den Fans überhaupt nicht gezeigt werden, ist Pinterest ein sehr langfristiger, nachhaltiger Kanal. Ich sehe es auch eher als Suchmaschine an. Wir haben viele Pins, die schon Jahre alt sind, und trotzdem sehr oft aufgerufen werden.

Welche Rolle spielt Pinterest bei der Vermarktung deines Blogs?

Noch eine eher geringe Rolle. Wobei die teils wirklich sehr hohen Impressionszahlen zum Beispiel gesponserter Rezeptbilder natürlich sehr gut ankommen.

Welchen Tipp gibst du Bloggern mit auf dem Weg, die ein Pinterest-Profil aufbauen wollen?

Auf regelmäßiges Pinnen achten; momentan wird eine Pin-Anzahl von ca. 25 Pins täglich empfohlen. Lieber spezifische Boards erstellen als Sammelboards mit einem sehr großen Themenbereich. Wenn man Fremdpins pinnt, sollte man checken, dass sie nicht auf Spam-Seiten linken. Aber am Wichtigsten ist natürlich, dass die Inhalte gut aufbereitet sind, Hingucker, und von einem Thema handeln, das Pinterest-Nutzer interessiert bzw. von diesen gesucht wird.

5.5 Exkurs: Die auf Pinterest geltenden Urheberrechtslinien

Das nachfolgende Kapitel beschäftigt sich lediglich mit den Vorgaben, die Pinterest zum Urheberrecht gibt und hat keinerlei Anspruch auf Vollständigkeit. Es ersetzt keine anwaltliche Konsultation. Für konkrete Fragen zum Urheberrecht (auf Pinterest) sollte eine anwaltliche Beratung in Anspruch genommen werden.

Da Pinterest, wie auch andere Internetplattformen, zum Teilen und Präsentieren von Inhalten dient, ist vor allem ein besonderer Fokus auf das Urheberrecht zu legen. Gerade bei Bildern sollte bei der Verwendung auf die jeweiligen urheberrechtlichen Bestimmungen geachtet werden. Zu beachten ist, dass Pinterest natürlich keinen rechtsfreien Raum darstellt. Im Folgenden werden die in den AGBs von Pinterest aufgestellten Rahmenbedingungen zum Thema Urheberrecht aufgezeigt. Darüber hinaus greift für alles weitere das jeweils geltende Urheberrecht.

Pinterest gibt in seinen Copyright-Richtlinien an, dass seine Urheberrechtslinien nach dem amerikanischen Digital Millennium Copyright Act (DMCA) und anderen anwendbaren Urheberrechtsgesetzten verabschiedet wurden. Welche Urheberrechtsgesetzte damit genau gemeint sind, wird nicht weiter aufgeführt. Zum Thema Inhalte auf Pinterest lässt sich folgendes finden:

> „Alles, was du postest oder anderweitig auf Pinterest verfügbar machst, wird als „Nutzerinhalt" bezeichnet. Alle Rechte an den Nutzerinhalten, die du auf Pinterest postest, sowie die alleinige Verantwortung dafür verbleiben bei dir."[107]

Das bedeutet Inhalte, die ein Nutzer selbst auf Pinterest hochlädt, gehören nach wie vor ihm und er besitzt Rechte und Verantwortung daran. Des Weiteren heißt es in den AGBs:

> „Für den ausschließlichen Zweck des Betriebs, der Entwicklung, der Bereitstellung und Verwendung von Pinterest gewährst du uns und unseren Nutzern eine nicht ausschließliche, gebührenfreie, nicht übertragbare, nicht unterlizenzierbare, weltweite Lizenz, deinen Nutzerinhalt auf Pinterest zu verwenden, zu speichern, anzuzeigen, zu reproduzieren, aufzuheben, zu ändern, abgeleitete Arbeiten davon zu erstellen, ihn vorzuführen und zu verteilen."[108]

Dieser Absatz stellt sicher, dass Nutzer bereits auf Pinterest vorhandene Inhalte jederzeit speichern, repinnen und modifizieren dürfen. Lädt man also selbst Inhalte auf Pinterest hoch erklärt man sich mit dem Upload seiner Inhalte bereit, dass die Plattform und insbesondere die Plattform-Nutzer diese Inhalte zum Zweck von Pinterest weiterverwenden dürfen. Dies gilt sogar auch, wenn der Nutzer sein Pinterest-Konto kündigt oder den Original-Pin löscht. Der Nutzer kann zwar seinen ursprünglichen Inhalt

---

107   Policy.pinterest.com 2020
108   ebd.

löschen, Repins von diesem bleiben aber in Pinterest bestehen und können von Nutzern weiter geteilt werden:

> „Nach der Kündigung oder Deaktivierung deines Kontos oder wenn du Nutzerinhalte aus Pinterest entfernst, können wir deinen Nutzerinhalt für einen angemessenen Zeitraum sichern, archivieren oder prüfen. Pinterest und seine Nutzer können deine Inhalte, die von anderen Nutzern auf Pinterest gespeichert oder geteilt wurden, aufbewahren und weiterhin verwenden, speichern, anzeigen, reproduzieren, weiterpinnen, modifizieren, Arbeiten daraus ableiten, vorführen und verteilen."[109]

Geht es um Inhalte, die Nutzer selbst auf Pinterest hochladen, scheint Pinterest in seinen AGBs klare Richtlinien vorzugeben. Wer eigene Inhalte selbst auf die Plattform hochlädt, muss sich laut Pinterest im Klaren darüber sein, dass andere Pinterest-Nutzer diese auf Pinterest zum Zweck der Plattform weiterverwenden dürfen, auch dann, wenn der Urheber den Original-Inhalt löscht. Der Nutzer, welcher einen Inhalt auf die Plattform hochlädt, trägt auch die alleinige Verantwortung für diesen Inhalt und sollte deshalb sicherstellen, dass er die benötigten Rechte besitzt. In den AGBs für Unternehmen führt Pinterest dazu auf:

> „Pinterest erkennt die Rechte von Dritterstellern und anderen Inhaltseignern an und erwartet dasselbe von dir. Nutzerinhalt, den du auf Pinterest postest, muss daher allen gesetzlichen Bestimmungen entsprechen und darf die Rechte Dritter nicht verletzen."[110]

Insbesondere Unternehmen sollten sich deshalb sicher sein, nur Inhalte auf Pinterest hochzuladen, die ihr Eigentum sind oder an denen sie ausreichend Rechte besitzen, welche mit dem Verwendungszeck auf Pinterest übereinstimmen. Als Unternehmen kann es zum Beispiel sinnvoll sein, die eigenen Bilder mit einem Logo zu versehen, sodass bei der Verbreitung auf Pinterest die Zugehörigkeit zum Unternehmen klar gekennzeichnet ist. Verwendet man Bilder mit einer Creative Common Lizenz kann man den Urheber des Bildmaterials zum Beispiel auf dem Bild selbst oder in der Bildbenennung ersichtlich machen.

Vorsicht bei der Verwendung von Bildmaterial ist aber nicht nur für Pinterest selbst, sondern auch auf der eigenen Website geboten. Wird

---

109   Policy.pinterest.com 2020
110   Business.pinterest.com 2018

der Save Button auf der Website eingebunden, erleichtert man Besuchern das Speichern der Website-Bilder in Pinterest und somit die automatische Verbreitung dieser auf der Plattform. Pinterest gibt dazu in seinen AGBs für Unternehmen an, dass Websitebetreiber, welche dieses Tool auf ihrer Website integrieren, den Nutzern die bereits oben aufgeführten Rechte zur Verwendung von Inhalten durch das Posten über den Save Button einräumen.[111] Deshalb sollte man sich vor Integration des Save Buttons auch bei der eigenen Website sicher sein, dass alle dort veröffentlichten Bilder das eigene Eigentum sind oder eine Lizenz haben, die mit dem Verwendungszweck von Pinterest übereinstimmt.

Praxistipp: Die meisten Blogger, Publisher und Co. sind froh, wenn ihre Inhalte über den Save Button auf Pinterest verbreitet werden und Traffic generieren. Trotzdem lässt sich auch verhindern, dass Inhalte der eigenen Website gepinnt und verbreitet werden. Um sicherzustellen, dass kein einziges Bild von der eigenen Website auf Pinterest geteilt werden kann, muss der folgende Meta Tag in den Head der Website eingebaut werden: <meta name="pinterest" content="nopin"/>. Um nur bei einzelnen Bildern sicherzustellen, dass sie nicht auf Pinterest geteilt werden können, muss der folgende Tag den jeweiligen Bildern zugefügt werden: <img src = „foo.jpg" nopin = „nopin"/>

---

111   Business.pinterest.com 2018

Learnings zu Kapitel 5

- ☐ Pinterest **Business Account** anlegen und verifizieren
- ☐ Für ein aussagekräftiges Profil sollten die Profilinformationen ausgefüllt und ein **individueller Profil-Header** festgelegt werden
- ☐ Pinnwände sollten **thematisch sinnvoll** strukturiert werden (am Aufbau der Website orientieren)
- ☐ **5-50-5-Regel**: Pinnwände, Pins je Pinnwand, tägliche Pins
- ☐ **80:20 Regel**: Eigen-Pins, Fremd-Pins
- ☐ Optimales Format für Bilder-Pins: 2:3-Verhältnis mit **600 auf 900 px**
- ☐ Pins sinnvoll verlinken und **Ankerlinks** einsetzen
- ☐ Pin-Inhalte sollten ansprechend gestaltet sein und dem Nutzer **Mehrwert** bieten
- ☐ Pins müssen nicht unbedingt Bilder sein, sondern können auch **andere Formate** haben (Videos, Infografiken etc.)
- ☐ Inhalte sollten in einem für sie passenden Format umgesetzt werden
- ☐ Pins müssen verschiedene **Nutzerbedürfnisse** und **Suchintentionen** ansprechen und so die Aufmerksamkeit der Nutzer erregen
- ☐ Pins können verschiedene Stufen an **Informationsgehalt** und **Komplexität** haben
- ☐ Pins sollten zum **Auftreten der Marke** passen (Corporate-Design-Regeln lassen sich auch für Pinterest umsetzen)
- ☐ Ähnlich gehaltene Pins und der Einsatz des Logos können einen **Branding-Effekt** hervorrufen
- ☐ Inhalte sollten immer in mehreren Pins und **unterschiedlichen Versionen** veröffentlicht werden, um verschiedene Nutzer in verschiedenen Phasen ihrer Customer Journey anzusprechen

6 Strategische Grundlagen und Tipps für die Nutzung von Pinterest

6.1 Die verschiedenen Pin-Arten

Rich Pins

Um Pinterest-Nutzern ein besseres Nutzererlebnis zu bieten, kann man als Publisher sogenannte Rich Pins implementieren. Rich Pins bieten im Vergleich zu regulären Pins zusätzliche Informationen. Basierend auf Metadaten der Website, die mit schema.org ausgezeichnet wurden, zeigt ein Pin neben der Pin-Beschreibung weitere Informationen. Bei Product Pins wird zum Beispiel der Preis eines Produktes angezeigt oder wie viele Artikel noch auf Lager sind. Bei Recipe Rich Pins können beispielweise die Zutaten, die Portionsgröße oder die Zubereitungsdauer angezeigt werden. Momentan können App, Article, Product und Recipe Pins genutzt werden.

Durch die Auszeichnung mit Metadaten aktualisieren sich die auf einem Rich Pin angezeigten Daten automatisch, was insbesondere bei Preisänderungen von Vorteil ist.[112] Abb. 22 zeigt einen Recipe Rich Pin von Backen macht glücklich. Auf diesem Pin werden neben der Bewertung des Rezepts und der Zubereitungsdauer auch die Zutaten angezeigt. So kann ein Nutzer beim Close-up des Pins zum Beispiel direkt sehen, ob er die benötigten Zutaten zuhause hat. Überzeugt ihn die Zutatenliste, kann er dem Pin zur verlinkten Landingpage mit dem Rezept folgen. Rich Pins bieten so die Möglichkeit, dem Nutzer zum Pin selbst noch mehr Informationen anzubieten. Dies kann die Entscheidung des Nutzers beeinflussen, sodass er dem Pin auf das verlinkte Content-Angebot oder, im Falle eines Product Pins, den verlinkten Shop folgt.

Mehr Informationen und eine Anleitung zum Einrichten von Rich Pins gibt es hier: https://help.pinterest.com/de/business/article/rich-pins

---

112 vgl. Developers.pinterest.com o. J.

Abb. 22 Recipe Rich Pin von Backen macht glücklich
(Quelle: https://www.pinterest.de/pin/519673244504901144/)

Promoted Pins

Die Funktion der Promoted Pins wurde für Deutschland im Februar 2019 eingeführt.[113] Promoted Pins tauchen im Start-Feed oder in den Suchergebnissen eines Nutzers auf. Sie sehen auf Pinterest fast genauso wie normale Pins aus. Lediglich die Wörter „Anzeige von" machen erkenntlich, dass es sich nicht um einen organischen Pin, sondern um einen gesponserten handelt. Diese Darstellung von Promoted Pins im Feed kann man in Abb. 23 sehen. Ein weiterer Unterschied zu normalen Pins ist das fehlende Close-up. Klickt man auf einen Promoted Pin, leitet dieser direkt, ohne Close-up auf die verlinkte Website weiter.

Da Promoted Pins sich nahtlos in den Feed von Nutzern einfügen, ist Werbung auf Pinterest weniger störend. Oftmals gestalten Unternehmen ihre Promoted-Pins visuell so, wie sie organische Pins gestalten oder bewerben gut funktionierende organische Pins. Momentan können von Unternehmen Bild-Pins, Video-Pins und Karussell-Pins als Promoted Pins veröffentlicht

---

113   vgl. t3n.de 2019

werden. Im Anzeigenmanager von Pinterest werden Kampagnen mit Kampagnenziel und Budgetlimit angelegt und auf eine Zielgruppe ausgerichtet. Wie das Schalten von Anzeigen auf Pinterest funktioniert, wird in Abschnitt 7.2 erklärt.

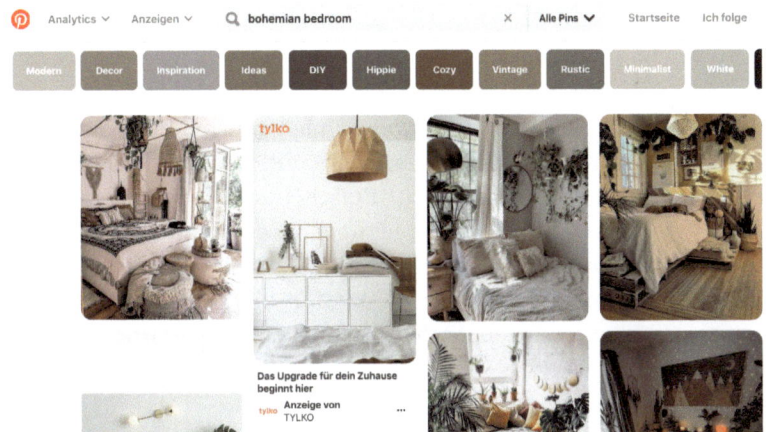

Abb. 23 Ausspielung eines Promoted Pins im Ergebnis-Feed (Quelle: https://www.pint erest.de/search/pins/?q=bohemian%20bedroom&rs=typed&term_meta[]=bohemia n%7Ctyped&term_meta[]=bedroom%7Ctyped)

Karussell-Pins

Karussell-Pins bieten die Möglichkeit zwei bis fünf Bilder in einem Pin hochzuladen. Die Nutzer können sich bei diesem Pin durch die verschiedenen Bilder klicken. Das Karussell kann über eine einheitliche Beschreibung sowie Verlinkung auf eine Landingpage oder jeweils unterschiedliche Links verfügen. Karussell-Pins sind insbesondere für die verstärkte mobile Nutzung von Pinterest interessant, da sie das Swipen einer Instagram Story imitieren. Zudem können dem Nutzer direkt mehr Informationen zu einer Idee oder einem Produkt gegeben werden.

Shop-the-look-Pins

Mit Shop-the-look-Pins können Nutzer auf einem Pin markierte Produkte direkt ansehen und kaufen. Die vom Online-Händler verlinkten Produkte auf einem Pin erscheinen als weißer Punkt zum Anklicken. Zum Kauf werden die Nutzer zur Check-out-Seite des Anbieters weitergeleitet. Shop-the-look-Pins eignen sich besonders, wenn mehrere Produkte auf einem Pin gezeigt werden.[114] Einfache Product Pins verlinken nur auf eine Ziel-URL im Shop. Shop-the-look-Pins hingegen geben die Möglichkeit die verschieden Shop-URLs der einzelnen Produkte zu verlinken.

Story Pins
Story Pins sind das neueste Pin-Format auf der Plattform. Sie sind noch nicht für jeden Nutzer beziehungsweise in jedem Land nutzbar. Story Pins enthalten, wie von anderen sozialen Netzwerken schon bekannt, mehrere Bilder, Videos und Text. Die Story Pins können z. B. dafür verwendet werden, um Schritt-für-Schritt-Anleitungen in einem neuen Format zu visualisieren. Klicken Nutzer im Home Feed auf das Cover eines Story Pins, wird ihnen die ganze Story angezeigt. Ein Story Pin muss mindestens zwei und kann maximal 20 „Seiten" enthalten. Die empfohlene Größe ist 900x1600 Pixel.[115]

6.2 Inhalte planen und erstellen

Für eine erfolgreiche Präsenz auf Pinterest, gehört regelmäßiges Pinnen dazu. Für die Erstellung des eigenen Contents lohnt es sich deshalb auf jeden Fall einen Redaktionsplan aufzustellen. In diesem können Themen der Pins, visuelle Ausgestaltung, Titel, Beschreibungstext und Verlinkung festgehalten werden.

Bei der Planung von Inhalten sollte sich am eigenen Website-Content orientiert werden. Denn Pins sollten immer auf eine Website mit weiterführenden Informationen verlinken, damit der Nutzer beim Klick auf den Pin nicht in seiner Erwartungshaltung enttäuscht wird und abspringt. Auch der eigene Social-Media-Redaktionsplan kann miteinbezogen werden, um Inhalte effektiv kanalübergreifend erstellen zu können.

Sehr wichtig bei der Planung von Inhalten sind auch saisonale Themen. Bei saisonalen Themen empfiehlt Pinterest 30 bis 45 Tage im Voraus mit

---

114   vgl. Business.pinterest.com (l) 2020
115   vgl. Help.pinterest.com (c) 2020

dem Pinnen von passenden Inhalten zu beginnen, da die Suchaktivität mit dem Näherrücken der Saison oder des Feiertags steigt.[116]

Ein Tool, welches bei der Planung von Pinterest-Inhalten hilfreich sein kann, ist Tailwind (https://www.tailwindapp.com). Dieses Tool ist offizieller Partner von Pinterest und kann daher sehr einfach verwendet werden. Mithilfe dieses Tools kann das Redaktionsteam Pins wochen- oder monatsweise vorausplanen. Die Pins werden dann automatisiert veröffentlicht. Das bedeutet, es wird weniger Zeit für das Hochladen der Pins selbst benötigt. In Tailwind lassen sich zudem Analytics und Optimierungshilfen für das eigene Pinterest-Profil finden.

Mit einem Redaktionsplan und den entsprechenden Tools kann die Pin-Planung optimiert werden. Sind zu Beginn der Pinterest-Strategie verschiedene Pin-Formate entwickelt worden, die immer wieder verwendet werden, z. B. vollflächige Bilder, Pins mit verschiedenen Overlay-Texten, Pins mit verschiedenen Buttons etc., sollten dazu Templates erstellt werden. Diese können dann immer wieder angewendet werden. Auch Online-Tools wie Canva (https://www.canva.com/) können bei der Erstellung von Pins und Templates hilfreich sein.

6.3 Pinterest SEO

Der bekannte Satz „Content is king" von Microsoft-Gründer Bill Gates gilt nicht nur für Google. Denn auch auf Pinterest „ist die Relevanz von Inhalten ausgesprochen wichtig."[117] Ähnlich wie bei Google spielt Pinterest Pins von etablierten Nutzer, die relevanten Content für ihre Zielgruppe veröffentlichen, höher im Suchfeed aus. Dazu gehört sowohl mit dem eigenen Profil einen „Expertenstatus" in einem Themenbereich zu erlangen als auch Pins vor dem Veröffentlichen für die Suchmaschine zu optimieren. Guter Content bringt nichts, wenn er nicht gefunden werden kann.

---

116   vgl. Business.pinterest.com (e) 2020
117   vgl. ebd.

Die folgenden Praxistipps helfen dabei.

☐ **Keywords finden**
Um sich als Experte im eigenen Themengebiet zu etablieren ist es wichtig, die eigene Zielgruppe und deren Suchintentionen zu kennen. Nach was sucht die die Zielgruppe und mit welchen Suchbegriffen sucht sie danach? Wer Content auf seiner Website veröffentlicht, wird entsprechende Zielgruppenanalysen und Content Audits schon durchgeführt haben. Zu wissen, welche Themen die eigene Zielgruppe interessieren ist der erste Schritt. Auf Pinterest hilft bei der Analyse von Themenkategorien auch Pinterest Analytics.
Zu wissen, wie die Zielgruppe nach Themen sucht, ist der zweite Schritt. Mit kostenlosen Werkzeugen wie „answerthepublic" (https://answerthepublic.com) und „ubersuggest" (https://neilpatel.com/de/ubersuggest/) lässt sich herausfinden, wie Nutzer auf Google suchen und welche Keywords sie dabei verwenden. Die relevantesten Keywords zu einem Thema geben dann ein Gefühl, wie Nutzer auf Pinterest suchen könnten und sollten beim Upload der Pins für Titel und Beschreibungstext verwendet werden.

☐ **Suchvorschläge auf Pinterest nutzen und Wettbewerberpins anschauen**
Hilfreich bei der Suche nach relevanten Keywords ist auch die Suchfunktion in Pinterest. Wie Google Suggest schlägt auch Pinterest bei der Suche direkt weitere ähnliche Suchanfragen mit dem eingegeben Keyword vor. So lässt sich leicht erkennen, was Nutzer in Verbindung mit einem bestimmten Thema suchen. Hilfreich kann es auch sein, die Pins von Wettbewerbern anzuschauen. Welche Themen behandeln sie wie auf ihren Pins und welche Keywords verwenden sie dafür.

☐ **Pin-Titel optimieren**
Pins können beim Upload mit einem Titel versehen werden. Im Feed der Nutzer wird der Pin-Titel immer unter dem Pin mit angezeigt. Deshalb bietet er eine gute Möglichkeit dem Pin noch einmal textlichen Kontext zu geben. Hilfreich ist dies zum Beispiel bei Bilder-Pins ohne Overlay-Text. Für den Pin-Titel können maximal 100 Zeichen verwendet werden. Jedoch wird der Titel nach 50 bis 60 Zeichen abgeschnitten. Deshalb ist hier eine kurze, aussagekräftige Formulierung sinnvoll.

☐ **Beschreibungstext optimieren**
Pin-Beschreibungen können bis zu 500 Zeichen lang sein, dem Nutzer in der Vorschau angezeigt werden aber nur die ersten 50 bis 60 Zeichen. Deshalb sollten die wichtigsten Informationen auf jeden Fall am Anfang der Beschreibung gesetzt werden. Für eine erfolgreiche Platzierung der Pins in den Feeds der Nutzer ist eine Optimierung des Beschreibungstextes mit relevanten Keywords nötig. Dabei sollen Lesefluss und Aussagekraft des Beschreibungstexts jedoch nicht durch eine reine Aneinanderreihung von Keywords negativ beeinflusst werden.

☐ **Dateinamen optimieren**
Eine gute Möglichkeit Pins für den Algorithmus zu optimieren, ist den Dateinamen mit Keywords zu versehen. Anstatt einen Pin mit der Benennung IMG_1234.jpeg hochzuladen, sollte lieber eine spezifische Beschreibung des Pins inklusive Keywords gewählt werden. Warum dies für den Pinterest-Algorithmus wichtig ist wurde in Abschnitt 3.1 behandelt.

☐ **Alt-Text optimieren**
Nicht nur beim direkten Upload auf Pinterest kann für die Suchmaschine optimiert werden. Da der Save Button Nutzern die Möglichkeit gibt, Bilder direkt von der Seite zu speichern, sollte sichergestellt werden, dass auf der Website verwendetet Bilder von vornherein optimiert werden. Dies wirkt sich nicht nur positiv auf das Ranking der Bilder in Pinterest, sondern auch auf das Ranking in Google aus. Deshalb sollten auch die Metainformationen von Bildern, wie der Alt-Text mit aussagekräftigen Keywords versehen werden.

☐ **Hashtags verwenden**
Hashtags haben auf Pinterest lange keine große Rolle gespielt. Auch jetzt wird ihnen keine zu große Aufmerksamkeit zuteil, trotzdem können sie in Pin-Beschreibungen verwendet werden. Suchen Nutzer nach einem Hashtag werden ihnen die neusten Pins zu diesem Hashtag ausgespielt. Pins nachträglich mit Hashtags zu versehen hilft demnach nicht, diese mit besserer Platzierung im Ergebnisfeed erscheinen zu lassen, da hier das Veröffentlichungsdatum relevant ist. Pinterest gibt an, nicht mehr als 20 Hashtags pro Pin zu verwenden.

Zudem sollen Hashtags präzise gewählt sein und Sinn in Bezug auf den Pin ergeben.[118]

☐ **Pinnwand-Beschreibung**

Neben den Pins selbst sollten auch die Pinnwände mit Keywords optimiert werden. Das sorgt dafür, dass Nutzern bei ihrer Suche auch ganze Pinnwände angezeigt werden. Wie in Abschnitt 3.4 aufgezeigt, können Pinnwände dank einer guten Optimierung mit Keywords auch in der Google-Suche ranken. Dafür brauchen Boards einen aussagekräftigen Titel und Beschreibungstext. Mit 500 Zeichen bietet der Beschreibungstext ausreichend Möglichkeit, das Thema der Pinnwand ansprechend für den Nutzer zu beschreiben und dabei die wichtigsten Keywords aufzuführen. Der Beschreibungstext der Pinnwand wird zwar nicht abgeschnitten, trotzdem lohnt es sich auch hier die wichtigsten Informationen an den Anfang zu setzen, um die Aufmerksamkeit der Nutzer zu wecken.

☐ **Website**

Nicht nur im eigenen Pinterest-Profil gibt es Optimierungsmöglichkeit. Auch auf der eigenen Website lassen sich viele Punkte optimieren. Da auch die Website (siehe Abschnitt 3.2.2) als Rankingfaktor für Inhalte in Pinterest eine Rolle spielt, wird nachfolgend in Abschnitt 6.4 erklärt, an welchen Stellen sich auf Pinterest verlinkte Landingpages optimieren lassen.

6.4 Die eigene Website optimieren

Die Aufmerksamkeit der Nutzer durch interessante Pins zu gewinnen und sie zum Klick auf die Website zu bewegen ist nur der erste Schritt. Denn mit den Inhalten des Pins baut sich beim Nutzer eine gewisse Erwartungshaltung auf, was beim Klick auf die Website auf ihn zukommt. Wird diese Erwartungshaltung nicht erfüllt, wird der Nutzer abspringen, ohne sich mit den Inhalten der Landingpage auseinanderzusetzen oder eine Conversion zu vollziehen. Um dies zu vermeiden, sollte das Augenmerk beim Pinterest Marketing nicht nur auf die Erstellung von Pins gerichtet werden, sondern auch auf die Optimierung der eigenen Landingpage.

---

118   vgl. Help.pinterest.com (b) 2020

Pins sollten nichts versprechen, was die verlinkte Landingpage nicht halten kann. Wird auf einem Pin zum Beispiel eine detaillierte Anleitung angeteasert, sollte es auf dem Blog eine solche Anleitung geben, am besten ausgestattet mit ausreichend Bildmaterial. Gerade bei langen Blogartikeln lohnt es sich, mit einem Ankerlink genau an die Stelle im Artikel zu verlinken, welche die Inhalte zeigt.

Ein zentraler Punkt, den eine Landingpage erfüllen muss, ist Struktur. Informationen müssen übersichtlich dargestellt werden. Dies kann mit Überschriften und Zwischenüberschriften, Bildern, Aufzählungen und Hervorhebungen gelöst werden. Nicht außer acht zu lassen sind eine übersichtliche Navigation, Bread Crumbs (eine sekundäre Navigation, um sich durch die verschiedenen besuchten Ebenen auf der Seite bewegen zu können) und interne Verlinkungen. Je relevanter Inhalte für den Nutzer aufbereitet sind und je übersichtlicher diese dargestellt sind, desto wahrscheinlicher wird es, dass sich der Nutzer von der Landingpage aus weiterklickt. Ein weiterer wichtiger Optimierungspunkt ist zudem die Responsiveness der Inhalte für mobile Geräte, denn 85 % der Pinterest-Nutzer besuchen die Seite mobil. Funktioniert die eigene Website nicht mobil, springen Nutzer wieder ab. Die Optimierung der eigenen Website gehört beim Pinterest-Marketing deshalb auf jeden Fall dazu.

Optimierungspunkte einer Landingpage:

- Inhalte müssen zum Pin passen (bzw. der Pin muss die Inhalte entsprechend abbilden)
- Pins mit Ankerlinks zum richtigen Abschnitt verlinken
- Struktur und Hierarchie: Überschriften, Zwischenüberschriften, Aufzählungen, Hervorhebungen
- Begleitendes Bildmaterial
- Navigation, Bread Crumbs
- Interne Verlinkungen, Call-to-Action-Elemente
- Responsive für mobile Geräte

6.5 Den Pinterest Save Button integrieren

Der Pinterest Save Button, auf Deutsch auch Merken-Button genannt, ist ein Pinterest Feature, das von Unternehmen auf der eigenen Website eingebunden werden kann. Mit ihm können Nutzer Website-Inhalte direkt auf ihren Pinnwänden abspeichern. Somit entsteht ein „profitabler Traffic-Kreislauf".[119] Die Nutzer teilen die Pins mit ihren Followern, welche die Pins repinnen oder auf die verlinkte Website gelangen können. Durch die Verbreitung dieses Earned Content wird automatisch Reichweite für die Ursprungs-Website generiert. Wie die Integration des Save Buttons in eine Website aussieht, zeigt die Abb. 24 am Beispiel eines Blogbeitrags auf der Website von FRECHER FRATZ.

Abb. 24 Darstellung des Pinterest Save Buttons in einem Blogbeitrag der Marke FRECHER FRATZ (Quelle: https://www.frecher-fratz.de/dschungel-geburtstag/)

6.6 Pincodes verwenden

Pincodes sind die hauseigenen QR-Codes von Pinterest. Unternehmen können Pincodes verwenden, um sie offline auf ihren Produkten zu platzieren. Scannt der Nutzer den Pincode mit der Pinterest-App, wird er zu einem Pin oder einer Pinnwand weitergeleitet. Unternehmen können also Pinnwände mit weiterführenden Informationen und Ideen zu ihrem Produkt füllen.

---

119   Grabs / Bannour / Vogl 2018, S. 338

Pincodes können auf eigenen Produkten, Werbeartikeln oder am Point-of-Sale für ein Unternehmen nützlich sein.[120] Der Nutzer wird auch nach dem Kauf mit weiteren Inhalten und Ideen zum erworbenen Produkt unterstützt. Zudem bietet sich über Pincodes eine zusätzliche Möglichkeit auf die eigene Pinterest-Präsenz aufmerksam zu machen. Abb. 25 zeigt den Pincode von FRECHER FRATZ, welcher Nutzer zur Pinnwand „Dschungel Geburtstag" führt. Die Marke platziert Pincodes zu den verschiedenen Mottogeburtstag-Pinnwänden auf ihren Bastelvorlagen zum Ausdrucken. So werden Nutzer auch nach getätigtem Kauf noch einmal auf das Pinterest-Profil geleitet, auf dem sie von einem weiteren Ideenangebot rund um ein Geburtstagsmotto profitieren können.

Abb. 25 Pincode der Marke FRECHER FRATZ (Quelle: Bastelvorlagen-Set „Dschungelgeburtstag" von FRECHER FRATZ)

---

120   vgl. Grabs / Bannour / Vogl 2018, S. 332

6.7 Das Pinterest-Profil bewerben

Um die Bekanntheit des eigenen Pinterest-Profils zu steigern, sollten Unternehmen dieses auf anderen hauseigenen Online-Kanälen oder auch offline bewerben. Um online auf die eigene Pinterest-Präsenz aufmerksam zu machen, kann beispielsweise ein Pinterest-Follow-Button in das Social-Media-Menü der Website eingebunden werden. Daneben hilft der Save Button für Bilder im Content-Bereich und die Verlinkung von Pinnwänden an passenden Stellen im Blog.

Auch im eigenen Newsletter kann auf das Pinterest-Profil aufmerksam gemacht werden. Zusätzlich können die Social-Media-Profile des Unternehmens und die dort bereits bestehende Reichweite effektiv für die eigene Pinterest-Werbung genutzt werden.

Aber auch offline kann ein Unternehmen neue Follower für das Pinterest-Profil generieren. Dazu können zum Beispiel Pincodes verwendet werden, die auf Produkten oder in Zeitschriften-Anzeigen abgedruckt sind und den Nutzer auf passende Pinnwände weiterleiten.

Auch mit Offline-Anzeigen lässt sich Aufmerksamkeit für das eigene Pinterest-Profil generieren. Das Lifestyle-Magazin *desired* beispielsweise nutzt digitale Webetafeln in Bahnhöfen, um dort Themen aus ihrem Magazin, welche die Marke in Pins umgesetzt hat, vorzustellen. Gezeigt wird der „Pin des Monats", beispielsweise ein Fashion-Tipp für die Jahreszeit, mit einem kleinen Erklärungstext dazu. Danach folgt der Claim: „Noch mehr Trends findest du auf unserem desired Pinterest-Kanal!" Die Marke nutzt so die Wartezeit der Leute am Bahnhof, um sie mit unterhaltsamen Pins auf das eigene Pinterest-Profil aufmerksam zu machen.

Learnings zu Kapitel 6

- ☐ **Rich Pins** (Article, Product, Recipe, App) geben dem Nutzer mehr Information
- ☐ **Promoted Pins** sind beworbene Pins
- ☐ **Karussell-Pins** geben durch bis zu fünf aneinandergereihte Pins die Möglichkeit mehrere Inhalte in einem Pin zu zeigen
- ☐ **Shop-the-Look-Pins** zeigen dem Nutzer die erhältlichen Produkte und verlinken direkt zum Shop
- ☐ **Story Pins** sind das neuste Pin-Format und können eingesetzt werden, um ausführliche Inhalte visuell umzusetzen
- ☐ **Inhalte für Pins** sollten rechtzeitig im Voraus und im Hinblick auf saisonale Themen geplant werden. Hilfreich sind dabei die Erstellung eines Redaktionsplans und/oder Planungstools
- ☐ Inhalte sollten anhand der **Website-Themen** geplant werden, da Pins immer auf weiterführende Informationen verlinken sollten
- ☐ **Pinterest SEO**: Pins sollten immer suchmaschinenoptimiert werden. Zielgruppenrelevante Keywords sowie die textliche Optimierung an verschiedenen Stellen helfen dabei, dass Pins den richtigen Nutzern ausgespielt werden
- ☐ Auch die verlinkten **Landingpages** können optimiert werden, um Nutzern ein optimales Nutzererlebnis auf der eigenen Website zu bieten und so den ersten Schritt zur Kundenbeziehung zu gehen
- ☐ Mit der Einbindung des **Save Buttons** ermöglicht ein Websitebetreiber seinen Nutzern Inhalte auf Pinterest zu merken und so weitere Reichweite zu generieren
- ☐ **Pin-Codes** sind die QR-Codes von Pinterest, die auf Produkten abgedruckt werden können und Nutzer beim Scan auf eine verlinkte Pinnwand führen
- ☐ Die eigene **Pinterest-Präsenz** kann über verschiedene online und offline Kanäle beworben werden, um die potenzielle Zielgruppe auf das eigene Inhaltsangebot aufmerksam zu machen

7 Die Pinterest-Strategie optimieren – Pinterest für Fortgeschrittene

7.1 Pinterest Analytics

Wer ein Pinterest-Unternehmensprofil besitzt, bekommt Zugriff auf Pinterest Analytics und kann somit verschiedene Kennzahlen zum eigenen Profil auslesen. Die Metriken können über verschiedene Zeiträume dargestellt und miteinander verglichen werden. In der Profilanalyse erhalten Unternehmen wichtige Einblicke in die Performance ihrer Inhalte. Es werden zum Beispiel die reichweitenstärksten Pins und Boards aufgezeigt. Marketer erhalten so einen Einblick in die eigenen Best-Practice-Beispiele, die als Orientierung für zukünftige Content-Erstellung dienen können. Neben der Profilanalyse geben die Zielgruppen-Insights wichtige Hinweise auf die gesamte und die interagierende Zielgruppe des Profils: Soziodemografische Merkmale der eigenen Zielgruppe sowie deren Affinität zu verschiedenen Themen-Kategorien und Interessen können eingesehen werden. Auch diese Informationen können helfen, zukünftige Pinterest-Inhalte für die Zielgruppe zu optimieren.

7.1.1 Metriken

Die folgenden, in Tab. 4: Metriken in Pinterest Analytics beschriebenen Metriken können im Analytics-Bereich des eigenen Pinterest-Profils ausgelesen werden.[121]

Metrik	Beschreibung
Impressions	Die Häufigkeit, mit der die Pins in Feeds angezeigt werden.
Interaktionen	Die Gesamtanzahl der Interaktionen mit Pins (Merken, Close-ups, Klicks auf Links, das Blättern durch Karussell-Pins).

---

121   vgl. Help.pinterest.com (d) 2020

Close-ups	Die Häufigkeit, mit der Nutzer Pins im Close-up ansehen.
Gemerkte Pins	Die Häufigkeit, mit der ein Pin von Nutzern gemerkt wurde.
Klicks auf Links	Die Häufigkeit, mit der sich Nutzer von einem Pin zur verlinkten Landingpage weiter geklickt haben.
Videoaufrufe	So oft wurde das Video mindestens 2 Sekunden lang angezeigt, solange es zumindest 50 % im Sichtfeld war.
Durchschnittliche Wiedergabezeit	So lange sehen Nutzer das Video im Durchschnitt an.
Gesamtwiedergabezeit	So lang wurde das Video insgesamt in Minuten wiedergegeben.

Tab. 4: Metriken in Pinterest Analytics

7.1.2 Profil-Analyse

Zu den Pinterest Analytics gelangt man über den „Analytics-Button" im eigenen Profil. Dort kann zwischen den Reitern „Übersicht", „Audience Insights" und „Video" ausgewählt werden. Unter „Übersicht" lassen sich alle Analytics-Daten, bezogen auf das eigene Profil, sowie Pins und Pinnwände finden. Um Daten spezifisch auszulesen, kann nach verschiedenen Kategorien gefiltert werden:

- ☐ Datum
- ☐ Inhaltstyp: organisch oder bezahlt
- ☐ Verifizierte Konten (Pins der registrierten Website oder verbundenes Etsy-Konto)
- ☐ Gerät: Mobil, Desktop, Tablet
- ☐ Quelle: deine Pins und andere Pins
- ☐ Format: Standard, Produkt, Video, oder Story Pins

Standardisiert werden bei Öffnung der Pinterest Analytics die wichtigsten Metriken des Profils für die letzten 30 Tage angezeigt. Diese sind Impressions, gesamte Zielgruppe, Interaktionen und interagierende Zielgruppe. Neben den absoluten Zahlen dieser Metriken wird auch immer die prozentuale Veränderung dieser im Vergleich zu den letzten 30 Tagen dargestellt.

So bekommt man schnell einen Überblick über die Reichweite des eigenen Profils, die Größe der Zielgruppe und vor allem die Entwicklung des Profils über einen Zeitraum. Wichtig dabei zu verstehen ist, dass dieser Bereich zunächst alle Pins des Profils, sowohl eigene als auch Fremd-Pins, umfasst. Über die Filterung und den Bereich Quelle kann dies jedoch eingegrenzt werden.

Unter der Darstellung der absoluten und prozentualen Zahlen der Profil-Performance lassen sich alle wichtigen Metriken auch als Graph über den ausgewählten Datumsbereich darstellen. Welche Kennzahlen und Filteroptionen als Graph dargestellt werden können zeigt Abb. 26. Exemplarisch dargestellt ist hier der Graph für die Impressions des Profils der letzten 60 Tage aufgeteilt nach den Quellen „eigene Pins" und „andere Pins".

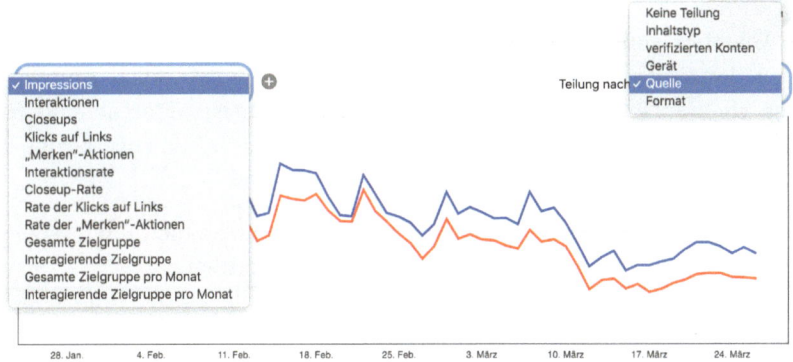

Abb. 26 Analyse- und Filter-Möglichkeiten im Profilbereich von Pinterest Analytics (Quelle: Pinterest Analytics)

Neben dieser Darstellung der verschiedenen Metriken gibt es in Pinterest Analytics noch die Bereiche „Beste Pinnwände" und „Top-Pins". Im Bereich „Beste Pinnwände" werden nach der Default-Einstellung „Impressions" alle Pinnwände nach der Zahl ihrer Impressions sortiert dargestellt. Die Pinnwände können aber auch nach den Metriken Interaktionen, Close-ups, Klicks auf Links und Merken-Aktionen sortiert werden. Dieser Bereich zeigt, welche Themenkategorie des Profils in Form von Pinnwänden momentan am besten funktioniert. Diese Pinnwände können mit dem Merken vieler weiterer relevanter Inhalte und deren SEO-Optimierung noch weiter gepusht werden.

Aber auch Pinnwände, die momentan noch nicht so gut funktionieren, können so entdeckt und weiter optimiert werden. Eine Ebene tiefer wird auch ersichtlich, welche Pins das meiste Interesse der Nutzer wecken. Im Bereich „Top-Pins" werden die Pins des Profils sortiert nach den gleichen Metriken wie bei den Pinnwänden dargestellt. Auch dieser Bereich liefert wertvolle Informationen, welche Inhalte und auch welche Pin-Gestaltung gut bei den Nutzern ankommt. So können die eigenen Best-Practice-Beispiele in Bezug auf Pin-Gestaltung und Inhalte mit weiterem Ausbaupotenzial aufgedeckt werden.

7.1.3 Zielgruppen-Insights

Die Analytics von Pinterest geben nicht nur die Möglichkeit die Performance des Profils näher zu analysieren, sondern geben auch Einblicke in die eigene Zielgruppe. Dieser Analytics-Bereich ist unter dem Reiter „Audience Insights" zu finden. Dafür wird zwischen drei Audience-Gruppen unterschieden:

- Die **gesamte Zielgruppe** des Profils: alle Nutzer, die in den letzten 30 Tagen Pins angesehen oder damit interagiert haben.
- Die **interagierenden Nutzer** des Profils: alle Nutzer, die in den letzten 30 Tagen mit Pins interagiert haben.
- **Alle Pinterest-Benutzer**: die gesamte Zielgruppe auf Pinterest.

Die gesamte bzw. interagierende eigene Zielgruppe lässt sich durch diese Aufteilung sehr einfach mit der globalen Pinterest-Zielgruppe vergleichen. Dies kann zum Beispiel Rückschlüsse geben, ob es auf Pinterest noch weiteres Zielgruppenpotenzial in Interessensbereichen gibt, die bis dato nicht in Betracht bezogen wurden.

Viele wertvolle Informationen über die eigene Zielgruppe lassen sich im Bereich Kategorien und Interessensgebiete finden. Unter *Kategorien* sind die beliebtesten Themen-Kategorien der Zielgruppe zusammengefasst, wie z. B. „Event-Planung", „Beauty", „Essen und Trinken", „Gesundheit", „Gärtnern" und vieles mehr. Diese Kategorien sind noch einmal in spezifischere Interessengebiete untergliedert.

Beim Thema Event-Planung sind die untergeordneten Interessengebiete zum Beispiel „Urlaub", „Weihnachten", „Feierlichkeiten" und „Geburtstag".

Zu den jeweiligen Kategorien und ihren Themenbereichen wird in den Analytics jeweils die Beliebtheit innerhalb der Zielgruppe in Prozent und die Affinität zu diesem Thema angegeben. Der Affinitätskennwert berechnet sich als Quotient aus den prozentualen Anteilen der beiden Zielgruppen. Er gibt somit den Faktor an, wie viel mehr Nutzer der eigenen Zielgruppe sich für die Themenkategorie interessieren als es Nutzer in der gesamten Pinterest-Zielgruppe tun.

Abb. 27 zeigt, wie ein Vergleich zwischen Zielgruppen im Audience-Bereich der Analytics aussieht. Hier wird die gesamte Zielgruppe des Profils (blau) mit der gesamten Pinterest-Zielgruppe (violett) in Hinblick auf die Beliebtheit verschiedener Kategorien und Interessensbereiche innerhalb der Zielgruppen verglichen.

Erkennbar ist, dass sich die eigene Zielgruppe im Vergleich zur gesamten Pinterest-Zielgruppe zum Beispiel mehr für die Kategorien „Eventplanung", „Essen und Trinken" und „Handwerk und Basteln" interessiert. Ersichtlich wird dies sowohl am prozentualen Anteil, der angibt wie viele Nutzer innerhalb der Zielgruppen sich für dieses Thema interessieren, als auch am Affinitätskennwert.

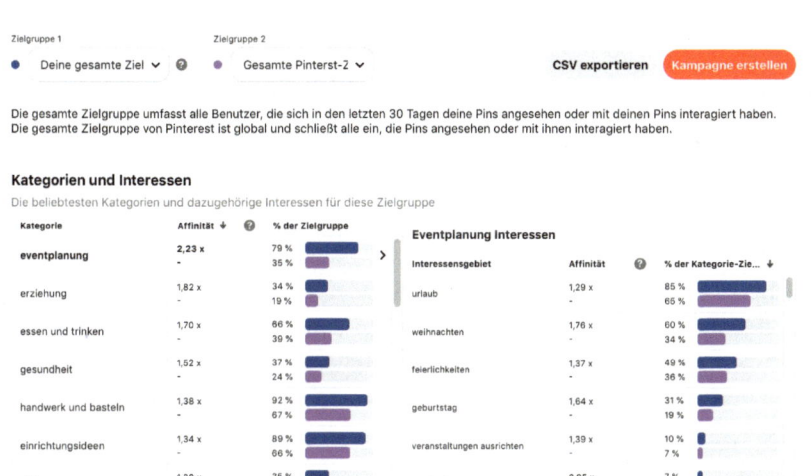

Abb. 27 Vergleich der Zielgruppen im Audience Bereich von Pinterest (Quelle: Pinterest Analytics)

Die Abbildung zeigt auch, dass die gleiche Analyse auch eine Ebene tiefer im Bereich Interessensgebiete durchgeführt werden kann. Hier ist zum Beispiel das Interesse der eigenen Zielgruppe zum Thema Urlaub stärker als das der gesamten Pinterest-Zielgruppe. Der Vergleich der Zielgruppen hilft dabei Themen zu erkennen, von welchen die eigene Zielgruppe besonders stark angesprochen wird. Fällt bei dieser Analyse beispielsweise auf, dass eine bestimmte Kategorie, zu der die eigene Zielgruppe eine hohe Affinität hat, noch nicht mit Pins abgedeckt wird, sollten dazu auf jeden Fall Inhalte erstellt werden. Wusste die Marke bisher zum Beispiel nicht, dass sich ihre Zielgruppe sehr stark für das Thema Urlaub interessiert, sollte dieses Thema in die Content-Planung aufgenommen werden. Daneben kann eine Analyse der gesamten Zielgruppe auf Pinterest auch aufzeigen, mit welchen Themen sich die eigene Zielgruppe vergrößern lässt.

Im Audience-Bereich der Pinterest Analytics sind für die gesamte und die interagierende Zielgruppe neben der Größe der jeweiligen Zielgruppe auch die Merkmale Alter, Geschlecht, Herkunft und Gerätenutzug einsehbar.

7.1.4 Analytics-Daten mit denen sich das Pinterest-Profil schnell optimieren lässt

Aus den Pinterest Analytics lassen sich sehr viele verschiedene Daten auslesen. Einige von ihnen sind besonders hilfreich, um die eigenen Pinterest-Strategie noch weiter zu optimieren oder auszubauen.

Gesamte Zielgruppe und interagierende Zielgruppe

Im Bereich „Audience-Insights" lässt sich die wertvolle Information zur Größe der gesamten Zielgruppe auf Pinterest und die der interagierenden Zielgruppe ablesen. Dies sind die Nutzer, die auf die Pins reagiert haben, zum Beispiel mit der Merken-Funktion oder dem Klick auf den Pin. Die Zahl der gesamten Zielgruppe beschreibt hingegen alle Nutzer, die mit den Pins erreicht wurden. Erreicht bedeutet aber nicht unbedingt, dass die Nutzer diese Pins gesehen haben, sondern nur, dass diese im Feed ausgespielt wurden.

Um herauszufinden, was die beiden Zielgruppen voneinander unterscheidet, kann man sie auf demografische Merkmale und Interessen hin vergleichen. Eventuell wird hier ersichtlich, dass in der interagierenden Zielgruppe andere Nutzertypen vorhanden sind als in der gesamten Zielgruppe. Dann gilt es die Nutzertypen in der gesamten Zielgruppe und die für sie interessanten Themen zu bestimmen. Das hier bestehende Zielgruppenpotenzial kann dann mit spezifisch auf die neu definierte Nutzergruppe ausgerichteten

Pins besser genutzt und die Größe der interagierenden Zielgruppe erhöht werden.

Welche Pins erzeugen am meisten Traffic?

Im Bereich Top-Pins lassen sich die Pins darstellen, welche die meisten Klicks auf Links erzeugt haben. Beim Vergleich der Top-Pins lassen sich eventuell Parallelen der Pins in Bezug auf Inhalte und Gestaltung finden. Dies kann wertvolle Hinweis darüber geben, welche Umsetzung von Themen Nutzer dazu bringt, sich auf die verlinkte Website weiter zu klicken. Dabei sind nicht nur die Themen an sich, sondern auch deren gestalterische Umsetzung interessant. Lassen sich auch bei den gestalterischen Elementen Parallelen zwischen den Top-Pins finden, ist dies ein eindeutiger Hinweis auf die positive Beeinflussung der Nutzer durch die Gestaltung. Dies kann als eigenes Best-Practice-Beispiel für die zukünftige Erstellung von Pins dienen.

Welche Pins erzeugen die meisten Interaktionen?

Genauso wie die Pins mit dem meisten erzeugten Traffic interessant sind, sind es auch die mit den meisten Interaktionen. Unter Interaktionen sind neben den Klicks auf Links auch Close-ups und Merken zusammengefasst. Diese beiden Interaktionen geben nämlich Hinweise darauf, welche Pins Nutzer dazu bringen, diese näher anzuschauen und zu merken und somit weiter in Pinterest zu verbreiten. Auch hier sollte neben den Inhalten vor allem nach Parallelen in der Gestaltung der Top-Pins Ausschau gehalten werden: gibt es besondere Call-to-Action-Elemente oder textliche Gestaltungen, welche die Nutzer dazu animieren, den Pin zum Close-up anzuklicken, diesen zu merken oder ihm zur Website zu folgen?

Kategorien und Interessen der Zielgruppe

Im Bereich Audience Insights lassen sich die Themen-Kategorien und Interessen der eigenen Zielgruppe näher betrachten. Sowohl zu Kategorien als auch Interessensgebieten wird angezeigt, für welchen Prozentsatz der Zielgruppe diese relevant sind. Mithilfe der Affinität wird ersichtlich, um wie viel mehr sich die eigene Zielgruppe für ein Thema interessiert als die restlichen Pinterest-Nutzer. Vor allem die spezifischen Interessensgebiete geben aufschlussreiche Hinweise zu relevanten Inhalten, die in Pins behandelt werden sollten. Bei der zukünftigen Content-Planung sollte deshalb unbedingt mit den Informationen aus den Audience Insights und den sich daraus ergebenden Themenpotenzialen gearbeitet werden.

7.1.5 Praxis-Beispiel: Ableitung von Gestaltungsregeln aus Top-Pins am Beispiel FRECHER FRATZ

Mit einer Analyse der nach Interaktion sortierten Top-Pins lassen sich häufig Themen und Pin-Gestaltungen identifizieren, welche bei den Nutzern besonders gut ankommen. Daraus lassen sich Hinweise ziehen, welche Themen mit neuen Pins noch weiter vertieft und welche Gestaltungsmerkmale auf zukünftigen Pins ausprobiert werden sollten.

Im Folgenden werden exemplarisch zwei Top-Pins der Marke FRECHER FRATZ, zu sehen in Abb. 28, auf ihre Gestaltungsmerkmale analysiert. Die beiden Top-Pins behandeln inhaltlich zwei komplett unterschiedliche Themen (Meerjungfrau-Geburtstag und Schatzsuche). Bei der Analyse aller Top-Pins bzw. auch der Top-Pinnwände lässt sich leicht überprüfen, ob die beiden Pins auch vor allem ihres behandelten Themas wegen Top-Pins sind.

Da noch mehr der beliebten Pins sich inhaltlich mit „Meerjungfrau Geburtstag" und „Schatzsuche" beschäftigen und auch die dazugehörigen Pinnwände viele Interaktionen verbuchen, ist dies ein klarer Hinweis, dass Nutzer großes inhaltliches Interesse an beiden Themen haben. Um dieses vorhandene Interesse der Nutzer zu Interaktionen zu konvertieren, sollten die beiden Themen daher auch in Zukunft weiter inhaltlich für Pinterest umgesetzt werden. Da Nutzer aber nicht nur vom Thema der Pins, sondern auch von deren visuellen Gestaltung angesprochen werden, erfolgt im nächsten Schritt die Analyse der Gestaltungsmittel.

Da beide Top-Pins unterschiedliche Themen behandeln, aber nach dem gleichen visuellen Konzept (Headerbild, CTA-Button, Text, Bilderübersicht) aufgebaut sind, ist dies ein Hinweis, dass dieser Pin-Aufbau die Aufmerksamkeit der Nutzer erregt. Alle übergeordneten Themen der Marke, die einen Überblick über verschiedene Inhalte bieten, sollten also mit diesem visuellen Konzept aufbereitet werden.

Abb. 28 Zwei visuell gleiche Top-Pins der Marke FRECHER FRATZ
(Quelle: https://www.pinterest.de/pin/677369600190238134/
https://www.pinterest.de/pin/677369600186716535/)

Um herauszufinden, welche der verschiedenen Gestaltungskomponenten (Button, Text, Bilderübersicht) den Nutzern besonderen Mehrwert liefert sollten diese auch noch einmal einzelnen auf Pins eingesetzt werden. Aus der Analyse der Gestaltungsmittel auf den beiden Top-Pins lassen sich folgende Rückschlüsse ziehen:

- Bilder-Pins, die eine Vorlage zeigen, können mit dem „DIY Vorlagen als Download"-Button versehen werden. Dieses CTA-Element gibt einem inhaltlichen Pin den zusätzlichen Hinweis zum verknüpften Download-Produkt.
- Mit dem Einsatz von Text erhält der Nutzer mehr Informationen, was genau der Pin ihm zeigt bzw. was ihn erwartet, wenn er sich auf die Landingpage klickt. Text-Overlay sollte daher auch auf anderen Pins getestet werden.
- Die Bilderübersicht im unteren Teil des Bildes gibt dem Nutzer neben dem Text auch visuell noch mehr Information zur übergeordneten Themen-Kategorie. Aus der Beliebtheit dieser Pins lässt sich schlie-

ßen, dass die Nutzer auch gerne visuell mehr Informationen zu einem Thema konsumieren. Dieses Konzept lässt sich auch auf andere Pins umsetzen. Beispielswiese kann auch bei Bilder-Pins mit mehreren Bildern auf einem Pin gearbeitet werden. Auch Karusells oder Story Pins sind eine interessante Möglichkeit mehr visuelle Informationen in einem Pin zu verpacken.

Lassen sich aus der Analyse von Top-Pins Hinweise auf aufmerksamkeitserregende Gestaltungselemente ableiten, sollten diese am besten mit Pins zum gleichen Thema wie dem der Top-Pins ausprobiert werden. So lässt sich vergleichen welche Pin-Gestaltung innerhalb eines beliebten Themas gut funktioniert. Diese erfolgreichen Gestaltungselemente können dann auch auf andere Themen übertragen werden.

Da Inhalte auf Pinterest im Durchschnitt 3,5 Monate brauchen, um 50 % ihres Engagements zu erreichen, ist das Testen von Pins auf Pinterest eine langwierigere Angelegenheit. Besser ist es daher von Anfang an mit verschiedenen Gestaltungsvarianten zu arbeiten und diese immer wieder zu optimieren und neu umzusetzen.

7.2 Pinterest Ads

Im März 2019 launchte Pinterest im DACH-Raum das Anzeigennetzwerk „Pinterest Ads". Mit einem Business Account kann man auf Pinterest den Ads Manager verwenden. Mit gesponserten Anzeigen sollen Marken und Unternehmen Nutzer auf Pinterest zielgerichteter ansprechen können und somit ihre Markenbekanntheit erhöhen oder den Traffic und Conversions steigern. Hierzu bietet Pinterest verschiedene Formate an. Im Ads Manager können Zielgruppen festgelegt und Werbekampagnen aufgesetzt, überwacht und optimiert werden. Der Aufbau des Pinterest Ads Werbekontos ist ähnlich dem von Facebook. Wie in Abb. 29 deutlich wird, ist die oberste Ebene die Kampagnen-Ebene. Innerhalb einer Kampagne gibt es mindestens eine Anzeigengruppe.

Es können aber auch mehrere Anzeigengruppe enthalten sein. Das ist beispielsweise hilfreich, wenn eine Kampagne auf mehrere Zielgruppen ausgerichtet sein soll. Für jede Zielgruppe kann dann eine eigene Anzeigengruppe erstellt werden. In jeder Anzeigengruppe können mehrere Anzeigen-Pins eingesetzt werden. Um eine Werbekampagne aufzusetzen, müssen Informationen zu Werbeziel, Targeting, Budget, Zeitplan und die Anzeigen-Pins festgelegt werden.

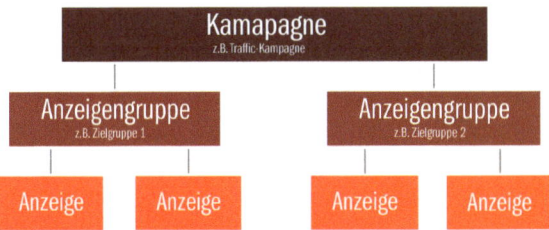

Abb. 29 Aufbau des Pinterest Ads Kontos (Quelle: Eigene Darstellung)

7.2.1 Werbeziele für Anzeigen

Auf Kampagnenebene wird zuerst das Werbeziel der Kampagne festgelegt. Für Werbekampagnen auf Pinterest können Unternehmen zwischen drei verschiedenen übergeordneten Werbezielen wählen:

☐ Awareness steigern
☐ Markenpräferenz bilden
☐ Conversions steigern

Unter das Werbeziel **Awareness steigern** fallen die untergeordneten Ziele Brand Awareness und Videoaufrufe. Eine Kampagne sollte z. B. dann auf die Steigerung der Awareness ausgerichtet werden, wenn die Marke neu ist und ihre Pinterest Präsenz in ihrer Zielgruppe etablieren möchte. Auch bei der Einführung neuer Produkte ist dieses Werbeziel relevant. Die Unterziele Brand Awareness und Videoaufrufe beziehen sich auf das jeweilige Format, das Promoted Pins haben können.

Das Werbeziel **Markenpräferenz bilden** fasst die untergeordneten Ziele „Traffic" und „App Installationen" zusammen. Das Werbeziel „Traffic" sollte für Pins gewählt werden, welche die Aufmerksamkeit der Nutzer für einen Besuch der verlinkten Website wecken. Dies kann z. B. mithilfe des gezeigten Inhalts oder der Gestaltung von Pins erreicht werden. Das Ziel „App Installationen" eignet sich nur für Pins, die eine App bewerben. Dies können zum Beispiel App Rich Pins sein.

Bei der Verwendung des Werbeziels **Conversions** wird auf die Steigerung der Nutzeraktionen auf der verlinkten Website abgezielt. Hierfür eigenen sich zum Beispiel Product oder Shopping Pins. Um das Werbeziel „Conversions steigern" für die eigenen Promoted Pins nutzen zu können, muss zum Tracking der Conversions zuerst das sogenannte Pinterest-Tag in die Website integriert werden. Wie dies funktioniert zeigt die Anleitung unter https://help.pinterest.com/de/business/article/set-up-the-pinterest-tag.

Mit dem Pinterest-Tag können neun verschiedene Conversion-Aktivitäten auf der eigenen Website verfolgt und gemessen werden. Darunter sind z. B. ViewCategory (das Ansehen einer bestimmten Inhaltskategorie), AddtoCart (ein Produkt in den Warenkorb legen), CheckOut (der Kauf eines Produktes) oder SignUp (zum Beispiel für einen Newsletter). Alle gemessenen Daten sind im Ads Manager unter dem Bereich Conversions einsehbar und können genutzt werden, um den Kampagnenerfolg zu bewerten oder neue Zielgruppen aufzubauen.[122]

Ist das Werbeziel der Kampagne festgelegt kann auf der gleichen Ebene noch der Name der Kampagne vergeben werden. Außerdem besteht hier die optionale Möglichkeit für die gesamte Kampagne mit den untergeordneten Anzeigengruppen das Tagesbudgetlimit bzw. Laufzeitbudgetlimit festzulegen. Dies kann aber auch direkt für jede Anzeigengruppen selbst definiert werden wie in Abschnitt 7.2.3 erklärt wird.

7.2.2 Targeting-Möglichkeiten der Anzeigen

Nach dem Einrichten auf Kampagnen-Ebene wechselt man auf die Ebene der Anzeigengruppe. Hier wird im nächsten Schritt der wichtigste Faktor zur gezielten Anzeigenausspielung definiert – das Targeting. Für die Anzeigengruppe lassen sich hier sowohl Zielgruppe, demografische Merkmale, Interessen, Platzierung der Ads als auch zielgruppenspezifische Keywords festlegen. Alle Targeting-Merkmale lassen sich beliebig kombinieren. In der Spalte potenzielle Zielgruppengröße lässt sich ablesen, wie groß die Nutzergruppe ist, die mit dem eingestellten Targeting voraussichtlich erreicht werden kann.[123]

Zielgruppen-Targeting

Im Bereich Zielgruppe kann entweder eine neue Zielgruppe erstellt oder eine bereits bestehende Zielgruppe ausgewählt werden. Generell besteht

---

122   vgl. Help.pinterest.com (e) 2020
123   vgl. Help.pinterest.com (f) 2020

im Ads Manager die Möglichkeit, Zielgruppen auf Basis verschiedener Kriterien zu definieren. Beim Festlegen der Zielgruppe kann diese z. B. aus den Besuchern der eigenen Website bestehen. Zudem besteht die Möglichkeit, eine eigene Kundenliste in den Ads Manager hochzuladen. Des Weiteren kann eine Interaktionszielgruppe festgelegt werden, welche aus Nutzern besteht, die mit den eigenen Pins interagiert haben. Die vierte Variante ist eine ActAlike-Zielgruppe zu definieren, welche ein ähnliches Verhalten wie eine bereits vorhandene Zielgruppe aufweist. Mehr Informationen zu den Merkmalen der verschiedenen Zielgruppen und der Erstellung gibt es unter:
    https://help.pinterest.com/de/business/article/audience-targeting

Interessen-Targeting

Neben dem Zielgruppen-Targeting lassen sich Anzeigen auf Pinterest auch über Interessen targetieren. Da die spezifische Zuordnung von Interessen zu Pins das Herzstück des Pinterest-Algorithmus ist, können Werbetreibende von einer präzisen Ausspielung ihrer Anzeigen an diejenigen Nutzer mit der höchsten Interessens-Affinität profitieren. Diese optimierte Ausspielung wirkt sich positiv auf Click-through-Rate (CTR) und Cost-per-Click (CPC) aus. Bei der Auswahl von Interessen können Marketer aus 24 verschiedenen übergeordneten Themen-Kategorien auswählen. Unter diesen Themenkategorien, wie Architektur, Beauty, Essen und Trinken etc. sind weitere Interessenskategorien bis zu sechs Level tief untergeordnet.

In Abb. 30 ist das Ordnungssystem dieser untergeordneten Interessen mit seinen verschiedenen Leveln und die dadurch entstehende Präzisionsmöglichkeit des Targetings an einem Beispiel dargestellt. In der Themenkategorie „Beauty" (Level 1) lässt sich das untergeordnete Thema „Haar" (Level 2) finden, in welchem wiederum fünf weitere Interessenkategorien liegen, so auch das Interesse „Frisuren" (Level 3). Wählt man das Interesse Frisuren aus, eröffnen sich auch hier wieder vier untergeordnete Themen. Eine von diesen ist „Frisur Ideen" (Level 4). Innerhalb von Frisur-Ideen liegen neun weitere Targeting-Punkte, wie „Frisur Typen" (Level 5). Das Level „Frisur Typen" fasst verschiedene Frisuren zusammen, so auch die „Bob Frisuren" (Level 6). Je tiefer man in der Ordnungsstruktur der Interessen vordringt, desto präziser wird ein Interesse beschrieben. Insgesamt kann man im Interessen-Targeting des Ad Managers von Pinterest zwischen 5.000 Interessen auswählen.

Dies führt dazu, dass Unternehmen ihre Promoted Pins mit einem sehr genauen Targeting an Nutzer mit einem hohen Involvement zu diesem

Interesse ausspielen können. Das bedeutet, die Relevanz der Promoted Pins ist für die Nutzer mit einer Affinität zu diesem Interesse sehr hoch. Streuverluste können so minimiert werden.

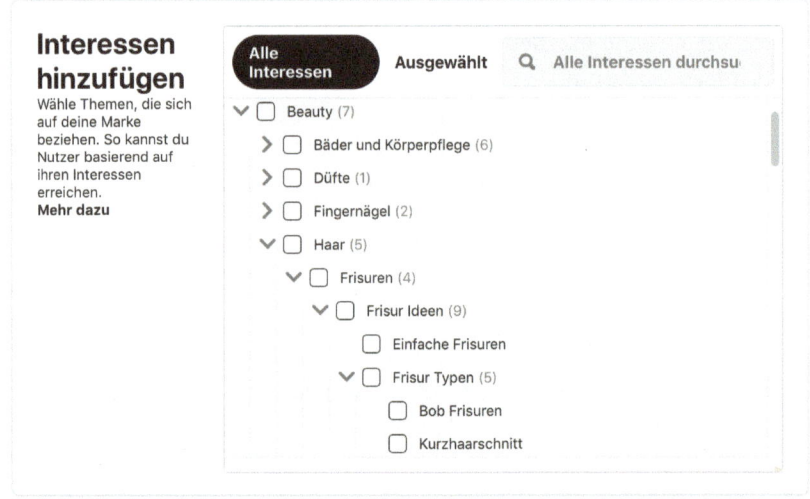

Abb. 30 Präzisionsmöglichkeit des Interessen-Targetings im Pinterest Ads Manager (Quelle: Pinterest Anzeigenmanager)

Die Zuordnung der Interessen aus verschiedenen Leveln ist jedoch auch abhängig vom gezeigten Inhalt eines Promoted Pins. Wäre der Inhalt eines Pins z. B. „Ideen zu verschiedenen Frisuren", würde es keinen Sinn machen, nur das Interesse „Bob Frisuren" auszuwählen. Denn die Inhalte zu Frisuren umfassen natürlich auch Ideen für langes Haar. Hier könnte ein höheres Level z. B. Level 3 Frisuren oder Level 4 Frisur Ideen eher sinnvoll sein.

Mit einem spezifischen Interessen-Targeting kann man Streuverluste für budgetierte Anzeigen minimieren und vor allem Nutzer mit einem hohen Involvement zu einem Thema ansprechen. Als generelle Regel gilt deshalb für das Interessen-Targeting: So spezifisch wie möglich, so generell wie nötig.

Keyword Targeting

Als Targeting-Option stehen im Ads Manager neben Interessen auch Keywords zur Verfügung. Diese Art von Targeting ist besonders sinnvoll, um die Ausspielung der eigenen Anzeigen innerhalb der Suchergebnisseiten der Nutzer zu präzisieren. Mithilfe der Keywords, sprich den Suchbegriffen der Nutzer, kann die Zielgruppe noch besser definiert und angesprochen werden.

Ähnlich wie bei Google Ads können im Targeting verschiedene Keyword-Typen, aufgelistet in Tab. 5: Keyword-Typen für das Keyword Targeting, verwendet werden. So kann eingegrenzt werden, bei welchen Suchen die Promoted Pins ausgespielt werden. Mit Negative Phrase Match und Negative Exact Match lässt sich quasi eine „Blacklist" aufbauen für welche Keywords die Anzeigen nicht ausgespielt werden sollen.[124]

Keyword-Typ	Beschreibung
Broad Match	Die Ausspielung der Pins erfolgt für das Keyword, sowie alternative Schreibweisen, Synonyme und andere verwandte Suchbegriffe. Die Wortreihenfolge spielt keine Rolle.
Phrase Match	Pins werden ausgespielt, wenn Suchbegriffe den gesamten Ausdruck des Keywords enthalten. Auch alternative Schreibweisen und sehr ähnliche Variationen des Ausdrucks werden berücksichtigt, die Wortreihenfolge muss im Suchbegriff jedoch dieselbe wie im Keyword sein.
Exact Match	Pins werden für das exakte Keyword mit gleicher Wortreihenfolge oder für sehr ähnlichen Variationen des Keywords angezeigt.
Negativ Phrase Match	Anzeigen werden nicht für Suchanfragen ausgespielt, bei denen der vollständige Ausdruck des Keywords mit gleicher Wortreihenfolge enthalten ist.
Negative Exact Match	Anzeigen werden nicht für Suchanfragen ausgespielt, bei denen die Suche exakt mit dem Keyword und der Wortreihenfolge übereinstimmt.

Tab. 5: Keyword-Typen für das Keyword Targeting

---

124   vgl. Help.pinterest.com (g) 2020

Demografische Merkmale und Platzierung

Im Bereich Demografische Merkmale kann die Zielgruppe noch anhand verschiedener Merkmale eingegrenzt werden. Dazu gehören Geschlecht, Zugehörigkeit zu einer Altersgruppe, Standort der Nutzer, sowie ihre Sprache und das Geräte, welches sie zur Benutzung von Pinterest verwenden.

Mit der Platzierung der Anzeigen kann festgelegt werden, wo in Pinterest diese an die Nutzer ausgespielt werden. Zur Auswahl stehen die Optionen „Alles", „Browsing" und „Suche". Die Platzierung „Browsing" umfasst die Ausspielung der Anzeigen im Start-Feed der Nutzer sowie den Bereich „Verwandte Pins". Diese Platzierung funktioniert gut mit einem Targeting auf Interessen. Wählt man die Platzierung „Suche" bekommen Nutzer die Anzeigen-Pins in ihrem Suchergebnis-Feed und unter den verwandten Pins ausgespielt. Diese Platzierung geht gut mit einem Keyword Targeting einher. Mit der Platzierung „Alles" werden beide Feeds bei der Ausspielung miteingeschlossen.

7.2.3 Budget, Zeitplan und Anzeigen

Beim Set-up von Werbekampagnen müssen im Ads Manager auch Budget und Zeitplan festgelegt werden. Falls das Budget nicht übergreifend auf Kampagnen-Ebene definiert wurde, lässt es sich jetzt zusammen mit der Laufzeit auf der Ebene der Anzeigengruppe festlegen. Hier kann man Tagesbudget bzw. Gesamtbudget für die jeweiligen Anzeigengruppen und alle Anzeigen innerhalb dieser definieren. Dargestellt ist dieser Vorgang beispielhaft in Abb. 31 bei dem für eine Anzeigengruppe ein Tagesbudget von 50€ für den Zeitraum von zwei Wochen festgelegt wurde.

Das Tagesbudget definiert, wie viel Geld pro Tag für Anzeigengebote ausgegeben wird, bis die Anzeigengruppe pausiert wird oder das angegebene Enddatum erreicht ist. Mit einem Tagesbudget von 50€ kostet die Ausspielung dieser Anzeigengruppe insgesamt 750€ in zwei Wochen. Mit dem Gesamtbudget hingegen wird ein festes Budgetlimit für eine bestimmte Laufzeit festgelegt. In diesem Fall wären dann 50€ das gesamte Budget für die zwei Wochen Laufzeit.

Budget und Zeitplan

Abb. 31 Festlegung von Budget und Zeitplan auf Ebene der Anzeigengruppe (Quelle: Pinterest Anzeigenmanager)

Nach dem Schritt „Budget und Zeitplan" folgt in der Erstellung der Anzeigengruppe der Bereich „Optimierung und Auslieferung". Da die Ausspielung der Anzeigen in Pinterest auf einem Auktionsprozess basiert (erklärt im nächsten Abschnitt 7.2.4) muss auch ein Gebot für die Kosten von Impressions oder Klicks festgelegt werden. Wie in Abb. 32 gezeigt, gibt es bei der Gebotsfestlegung zwei Optionen: das empfohlene **automatische Gebot** und das **benutzerdefinierte Gebot**.

Optimierung und Auslieferung

Abb. 32 Festlegung der Gebotsoption auf Anzeigengruppen-Ebene (Quelle: Pinterest Anzeigenmanager)

Die erste Version ist empfohlen, da Pinterest automatisiert das festgelegte Tages- oder Laufzeitbudget nutzt, um die besten Gebote aus dem eigenen Budget rauszuholen. Besonders für kurze Kampagnen, bei denen nicht viel Zeit zum Testen und Optimieren bleibt, oder für Marketer mit weniger Werbeerfahrung ist dies eine gute Option.

Beim benutzerdefinierten Gebot, legt man sein maximales Gebot selbst fest. Wie in Abb. 32 zu sehen, gibt Pinterest unter dem Gebotsfeld einen Hinweis, wie hoch das Gebot mindestens sein sollte, um bei der Auktion konkurrenzfähig zu sein. Generell macht es Sinn mit niedrigen Geboten (über dem Mindestgebot) anzufangen und nach oben zu korrigieren falls keine Ausspielung erfolgt. Für Marketer, die Zeit haben ihre Anzeigengruppen zu testen und ihre Gebote manuell optimieren möchten ist dies die richtige Option.

Sind alle Daten für die Anzeigengruppe festgelegt, folgt am Schluss noch die Auswahl der Anzeigen. Als Anzeigen können bereits vorhandene Pins verwendet sowie Anzeigen-Pins neu erstellt werden. Innerhalb einer Anzeigengruppe können mehrere Anzeigen-Pins zusammengefasst und auch ganze Pinnwände aufgenommen werden. Momentan können von Unternehmen Standard-Pins, Video-Pins, Karussell-Pins und App-Pins als Promoted Pins veröffentlicht werden. Mehr zu Gestaltung von Pins gibt es in Kapitel 5.4.

7.2.4 Anzeigenauslieferung

Ist eine Kampagne fertig aufgesetzt, von Pinterest überprüft und freigeschaltet, gehen die Anzeigen in den Auktionsprozess ein. Wie auf anderen Werbeplattformen auch, werden die Anzeigenplätze in den Pinterest Feeds nach einem Auktionsprozess vergeben. Für jede verfügbare Ad Impression wählt das Auktionssystem die am besten passende Anzeige aus. Die Auswahl der Anzeige ist abhängig vom gewählten Werbeziel und der Wahrscheinlichkeit, mit welcher der Nutzer die gewünschte Aktion ausführen wird, sowie dem gebotenen Preis des Werbetreibenden für diese Aktion. Auch Faktoren wie die Qualität der Landingpage und die Relevanz der Ad für die Zielgruppe fließen in den Auktionsprozess mit ein.

Laut Pinterest sind die Kosten der Anzeigenauslieferung am Ende immer nur so hoch wie nötig, um die nächstbeste Anzeige überbieten zu können. Das bedeutet, dass die Kosten auch manchmal niedriger als das eigene Gebot sein können. Wenn beispielsweise das Gebot bei 3€ festgelegt wurde, zum Gewinnen der Auktion jedoch nur ein Mindestgebot von 0,55€ nötig war, werden auch nur 0,55€ verwendet. Für jeden Kampagnentyp gibt es auf Pinterest ein festgelegtes Mindestgebot, welches vom ausgewählten Zielland der Ausspielung abhängig ist.[125]

Das eigene Gebot kann beim Erstellen der Anzeigengruppe unter dem Bereich Optimierung und Auslieferung festgelegt werden. Wie in Abb. 32 gezeigt gibt Pinterest immer Hinweise auf die Höhe eines konkurrenzfähigen Mindestgebots. Je nach Werbeziel verwendet Pinterest dann ein unterschiedlich Bezahlmodell, dargestellt in Tab. 6: Bezahlmodelle nach Werbeziel.[126]

Werbeziel	Beschreibung des Bezahlmodells
Brand Awareness	Cost per Mille (CPM), der Werbetreibende legt ein Gebot fest, wie viel er maximal bereit ist, für 1000 Ad-Impression zu bezahlen.
Videoaufrufe	Cost per View (CPV), der Werbetreibende legt ein Gebot fest, wie viel er maximal zu zahlen bereit ist, wenn Nutzer das Promoted Video für mindestens zwei Sekunden ansehen.
Traffic	Cost-per-Click (CPC), der Werbetreibende legt ein Gebot fest, wie viel er maximal zu zahlen bereit ist, wenn sich ein Nutzer von der Anzeige zur Website weiterklickt.
App Installationen	Cost-per-Click (CPC), der Werbetreibende legt ein Gebot fest, wie viel er maximal zu zahlen bereit ist, für Nutzer, welche die App-Download-Seite erreichen oder sich die App installieren.
Conversions	Cost per Action (CPA), der Werbetreibende legt ein Gebot fest, wie viel er maximal für die Durchführung einer bestimmten Ziel-Aktion durch den Nutzer zu zahlen bereit ist.

Tab. 6: Bezahlmodelle nach Werbeziel

125   vgl. Help.pinterest.com (h) 2020
126   vgl. Help.pinterest.com (i) 2020

7.2.5 Reporting

Im Ads Manager von Pinterest gibt es auch einen Reporting-Bereich, in dem die verschiedenen Ergebnisse und Metriken der Werbekampagnen eingesehen werden können. Ähnlich wie im Analytics-Bereich kann hier nach verschiedenen Daten gefiltert werden. Dargestellt werden die Ergebnisse auf Kampagnenebene, Anzeigengruppenebene, für die einzelnen Anzeigen und verwendeten Keywords. Abgelesen werden können jeweils die Ausgaben, das Ergebnis, und die Kosten pro Ergebnis in den jeweiligen Kostenmodellen, welches den verschiedenen Werbezielen zugrunde liegt. Innerhalb der Anzeigengruppe und dem Bereich der einzelnen Anzeigen können die Ergebnisse auch noch einmal nach den verschiedenen Targeting-Optionen, wie Interessen oder demografische Merkmale, gefiltert angesehen werden. Diese Einblicke können bei der Bewertung der verschiedenen Targeting-Maßnahmen und somit bei der strategischen Optimierung der laufenden Kampagne oder zukünftiger Kampagnen helfen.

7.3 Pinnen auf Gruppenboards

Neben dem regelmäßigen Veröffentlichen von Pins gibt es ein weiteres Feature auf Pinterest, welches dabei hilft die eigene Reichweite zu vergrößern: Gruppenboards. Ähnlich wie bei einer normalen Pinnwand werden auf dieser Gruppenpinnwand Pins gepinnt, jedoch mit dem Unterschied, dass viele Nutzer gemeinsam pinnen. Gruppenboards sind in den meisten Fällen auf ein bestimmtes Thema ausgerichtet und die Nutzer, welche sich auf einem Gruppenboard bewegen haben eine sehr hohe Affinität zu diesem Thema. Die eigenen Pins auf einem thematisch passenden Gruppenboard zu pinnen bedeutet also, sie direkt vielen Nutzern mit großem Interesse zum Thema zur Verfügung zu stellen.

Passende Gruppenboards zu den eigenen Themenbereichen lassen sich über die Suche finden. Zum Beitritt muss dem Besitzer des Gruppenboards eine Anfrage gestellt werden. In manchen Fällen wird man aber auch direkt auf ein Gruppenboard eingeladen. Das es bei Gruppenboards um gemeinschaftliches Pinnen geht, sollte man die Pinnwand nicht mit den eigenen Pins überfluten, sondern dosiert pinnen. Außerdem sollten nur thematisch passende Pins gepinnt werden.

Hat das eigene Profil eine gewisse Präsenz auf Pinterest erreicht, können auch selbst Gruppenboards zu verschiedenen Themen erstellt werden. Gruppenboards sind z. B. eine hervorragende Möglichkeit mit den eigenen Followern zu „interagieren" und gleichzeitig noch mehr über die Interessen der Zielgruppe zu erfahren. Ein Gruppenboard auf dem eigenen Profil kann auch in der Zusammenarbeit mit Kooperationspartnern und Influencern auf Pinterest entstehen.

7.4 Zusammenarbeit mit Influencern auf Pinterest

Wie in den sozialen Netzwerken lassen sich auch auf Pinterest Influencer finden. Umgangssprachlich werden diese auch oft Pinfluencer genannt. In ihrer Themennische haben die Pinfluencer meist durch sehr gut kuratierte Pinnwände einen Expertenstatus erlangt und eine große Reichweite aus Followern und monatlichen Betrachtern aufgebaut. Oft sind die Influencer auf Pinterest Blogger, welche die Inhalte ihres eigenen Blogs als Pins aufbereiten und so sehr regelmäßig viele Inhalte veröffentlichen können. Aber auch wer Pinnwände mit vielen guten Repins zusammenstellt kann einen Expertenstatus auf Pinterest erlangen.

Die Zusammenarbeit mit Influencern auf Pinterest bringt verschiedene Vorteile. Da Pinfluencer meist in bestimmten Themennischen aktiv sind, hat auch ihre Community ein großes Interesse an diesem Themenbereich. Hat ein Unternehmen passende Inhalte in genau diesen Themennischen, profitiert das Unternehmen bei einer Kooperation mit dem Influencer von einer sehr guten Zielgruppen-Ansprache.

Des Weiteren ist eine Kooperation von Influencern mit Unternehmen authentischer als auf anderen Plattformen. Da das Repinnen von Inhalten zu Pinterest dazu gehört, wirkt es für Nutzer nicht unpassend oder künstlich, wenn Influencer die Inhalte von Unternehmen teilen. Besonders, wenn die Inhalte des Unternehmens authentisch sind und dem Nutzer einen Mehrwert bieten, fügen sie sich gut in die Pinnwände des Influencers ein.

Eine Kooperation mit einem Influencer kann beispielsweise darin bestehen, dass bereits existierende Pins eines Unternehmens auf seinen Pinnwänden gerepinnt werden. Auch die Kreation von eigenem Content zu den Produkten des Unternehmens durch den Influencer selbst ist eine Möglichkeit. Wie im vorherigen Punkt bereits angesprochen, ist auch ein gemeinsames Gruppenboard mit einem Influencer auf dem eigenen Profil eine Kooperationsmöglichkeit. Denkbar ist außerdem eine crossmediale Kampagne, bei welcher der Influencer zusätzlich zu seinen Pinterest-Aktivitäten auch einen Gastbeitrag auf der Website des Unternehmens schreibt oder seine Beiträge auf Social Media eingesetzt werden.

Obwohl Pinterest kein soziales Netzwerk ist, spielen Influencer auch dort eine wichtige Rolle, denn sie versorgen als Experten in ihren Themennischen Nutzer mit relevanten Inhalten. Diesen Expertenstatus der Pinfluencer können Unternehmen durch Kooperationen nutzen, um die eigene Brand Awareness auf Pinterest zu verbessern und weitere Reichweite aufzubauen.

Learnings zu Kapitel 7

- Pinterest Business Accounts erhalten Zugriff auf **Pinterest Analytics** und den **Ads Manager**
- In den Analytics lassen sich verschiedene **Metriken** auslesen
- Die **Profil-Analyse** gibt Einblicke in die Performance der eigenen Inhalte
- Die **Zielgruppen-Insights** geben detaillierte Einblick in die eigene Zielgruppe und die gesamte Pinterest-Zielgruppe
- Mit Pinterest Analytics lassen sich die eigenen **Best Practice Pins** und **Pinnwände** finden und daraus Empfehlungen für **Inhalte** und **Gestaltung** ableiten
- Der **Ads-Manager** ist nach Kampagnen-Ebene, Anzeigengruppen-Ebene und Anzeigen-Ebene aufgebaut
- Übergeordnete **Werbeziele** sind: Awareness steigern, Markenpräferenz bilden, Conversions steigern
- Für Anzeigen stehen mehrere **Targeting-Optionen** zur Verfügung: Zielgruppen-Targeting, Interessen-Targeting, Keyword Targeting
- Die Anzeigenplätze in den Pinterest Feeds werden nach einem **Auktionsprozess** vergeben
- Für jeden Kampagnentyp gibt es auf Pinterest ein **Mindestgebot**, welches vom ausgewählten Zielland der Ausspielung abhängig ist
- Auch für den Ads Manager steht ein **Reporting-Bereich** für die Auswertung von Kampagnen bereit
- Weitere Pinterest-Strategien für Profis sind das Arbeiten mit **Gruppenboards** und die Kooperation mit **Influencern**

8 Best-Practice-Beispiele zum Einsatz von Pinterest

Die folgenden vier Best-Practice-Beispiele geben einen Einblick, wie Unternehmen Pinterest und die dort verfügbaren Pin-Arten und Tools erfolgreich genutzt haben, um gesetzte Ziele zu erreichen. Auf der Pinterest Business Website lassen sich jede Menge Best-Practice-Beispiele von Unternehmen verschiedener Branchen finden, die Marketern zur Orientierung für die eigene Strategie dienen können.

Die Best-Practice-Beispiele können dort einfach nach Marketingziel, Branche, Region und für die Kampagne genutztes Instrument gefiltert werden. So lassen sich schnell Parallelen zur eigenen, angestrebten Strategie finden.

8.1 Maggi verzehnfacht Repins und Klicks mit Recipe Rich Pins

Das Schweizer Unternehmen Maggi, mittlerweile eine Marke von Nestlé, bietet seinen Kunden eine breite Palette an Würzmischungen mit dazu passenden Rezepten und Instant-Gerichten. Insbesondere diese vielfältige Rezeptwelt, sprich jede Menge Owned Content, verhalf der Marke zu einem erfolgreichem Pinterest-Auftritt. Das Maggi Pinterest-Profil konnte durch die Veröffentlichung seiner Rezepte seine monatlichen Repins und Klicks um das Zehnfache steigern.[127] Die somit erhöhte Sichtbarkeit zeigt sich durch 353.000 Follower und 2.7 Millionen monatliche Betrachter (Stand September 2019).[128]

Gelungen war Maggi dies mit ansprechenden Rezept-Pins, visualisiert in ästhetischen Bildern, sowie Pinnwänden und Pins zu saisonalen Gerichten. Außerdem teilte die Marke ihre Youtube-Videos mit speziell dafür angefertigten Pins. Gebrauch machte Maggi auch von Rezept-Rich-Pins. So kann der suchende Nutzer dem Pin direkt wertvolle Informationen, wie Portionsgröße oder Zubereitungszeit entnehmen. Mit der Integration des Merken-Buttons auf der eigenen Website stellte Maggi sicher, dass Besucher

---

127   vgl. Reachbird.io 2019
128   vgl. ebd.

Ideen direkt von der Website pinnen und so weitere Reichweite erzeugen konnten.

Maggi war außerdem eines der drei Unternehmen, mit denen Pinterest im März 2018 Pincodes auf dem deutschen Markt einführte.[129] Diese auf die Produktverpackungen gedruckten QR-Codes führen den Käufer zu den zum Produkt passenden Pinnwänden von Maggi, wo er weitere Rezeptideen und Kochtipps finden kann.

Lisa Stiewe, Digital Communication Manager bei Maggi, sieht in den Pincodes großes Potenzial physische Produkte mit weiterführenden digitalen Inhalten zu verknüpfen. Maggi kann dem Kunden so die digitalen Services und die Rezeptwelt intuitiver zugänglich machen.[130] Die Pincodes führen dazu, dass sich der Kunde auch nach dem Kauf des Produkts noch mit dem digitalen Angebot der Marke auseinandersetzt.

8.2 TIPTOE erreicht 95 % mehr Bestellungen durch organische Pins

TIPTOE ist eine französische Möbel- und Einrichtungsmarke. Die Mission der Marke ist es, erschwingliche, aber dennoch langlebige Möbel zu erschaffen. Das Unternehmen entstand aus einer Crowd-Funding-Kampagne auf Kickstarter, weswegen TIPTOE seit jeher seine Kunden über digitale Kanäle als Community behandelt. 2017 fand das Unternehmen heraus, dass Pinterest nur für 2 % des Referral Traffics verantwortlich war, aber 10 % der Bestellungen generierte.

Ziel

85 % der Home Decor Shopper, und damit die Zielgruppe von TIPTOE, suchen auf Pinterest neue Ideen. Allein in Frankreich wurden 2017 jeden Monat 12 Millionen Einrichtungspins gepinnt. TIPTOE setzte es sich zum Ziele sein Zielgruppenpotenzial auf Pinterest besser zu nutzen und potenzielle Kunden effektiver zu erreichen, um somit die Zahl der Online Sales zu erhöhen.

---

129   vgl. Grabs / Bannour / Vogl 2018, S. 327f
130   vgl. E-commerce-magazin.de 2018

Vorgehensweise

Im Januar 2018 begann das Unternehmen damit, die Anzahl geposteter Inhalte zu erhöhen und Ressourcen dafür einzusetzen, um Qualität und Ästhetik der Inhalte zu verbessern. Neben organischen Pins wurden zudem Promoted Pins gelauncht, mithilfe derer die Zielgruppe präzise targetiert werden konnte. Auch Produkt-Pins wurden eingesetzt, um Nutzer direkt mit Informationen wie Preis und Verfügbarkeit zu versorgen. Mit der Integration des Save Buttons auf der Website und in sozialen Netzwerken konnten Nutzer Ideen direkt von dort merken und somit den bestehenden Owned Content mit Earned Content unterstützen. Zudem lud das Unternehmen seine Community ein, auf themenbasierten, geteilten Boards ihre Ideen zu pinnen.

Ergebnis

Das Resultat dieser Maßnahmen zeigte sich in 95 % mehr Bestellungen durch organische Pins innerhalb der ersten acht Monate. Durch die Nutzung verschiedener Features von Pinterest und einem guten Targeting der Zielgruppe konnte TIPTOE sein zugrunde gelegtes Ziel erreichen. [131]

8.3 Media Partisans generiert 35 % des Websites-Traffics über Pinterest

Das deutsche Medienhaus Media Partisans besitzt weltweit 42 verschiedene Medienprodukte in elf verschiedenen Sprachen, meist Lifestyle-Websites, in diversen Bereichen wie Food oder Beauty. In Deutschland besitzt Media Partisans fünf Online-Portale.

Ziel

Bisher lag das Hauptaugenmerk des Unternehmens auf Facebook. Dort blieben Beiträge allerdings nur für kurze Zeit sichtbar, während Beiträge auf Pinterest kontinuierlich Traffic erzeugten. Deshalb setzte sich Media Partisans zum Ziel, sein Leserpublikum über die Plattform Pinterest zu vergrößern. Es erkannte, dass für seine Inhalte zum Thema Lifestyle ein großes Zielgruppenpotenzial auf Pinterest vorhanden war. Die Marke wollte ihr

---

131   vgl. Business.pinterest.com (m) 2020

bestehendes Publikum auf die Media Partisans Pinterest-Profile aufmerksam machen, was wiederum dazu beitragen sollte die Reichweite der Profile zu vergrößern und neue Besucher zurück zu den Media-Partisans-Seiten zu bringen. Die konkreten Ziele waren eine Steigerung der Brand Awareness auf Pinterest und eine Steigerung des Online-Traffics von der Quelle Pinterest.

Vorgehensweise

Mit diesen Zielen vor Augen integrierte Media Partisans den Save Button sowie eine Social Sharing Bar prominent auf seinen Websites, so dass Besucher Inhalte einfacher (mobil) speichern konnten. Gleichzeitig begann das Marketing-Team täglich Content auf den Pinterest-Profilen der verschiedenen Medienprodukte hochzuladen. Dazu wurden die generellen Pinterest Best Practices, wie vertikale Bilder, Text-Overlays und das Einbinden des Markenlogos, berücksichtigt. Auch Article Pins wurden verwendet, um Nutzern mehr Informationen zu liefern. Die Marke forderte ihre Leser zudem in Facebook-Beiträgen dazu auf, sich die Inhalte für später auf Pinterest zu merken.

Ergebnis

Der von Pinterest generierte Traffic stieg durch die Maßnahmen von Januar bis Juni 2018 um das Neunfache und stellte somit 35 % des gesamten Traffics dar. Die Anzahl der Follower auf Pinterest vervierfachte sich. Deutlich wurde auch, dass Pinterest-Nutzer zu 50 % häufiger zu den Media Partisan Websites zurückkehrten als andere Nutzer. Die definierten Marketing-Ziele von Media Partisans konnten mit den von ihnen getätigten Maßnahmen auf Pinterest erfolgreich erreicht werden.[132]

8.4 Toyota erzielt mit der Avalon Kampagne eine Video View Through Rate von 53 %

Für die Markteinführung des Toyota Avalon 2019 entschied sich Toyota in Nordamerika eine Kampagne auf Pinterest zu fahren, welche Aufmerksamkeit für das Modell mit seinen neuen Features erregen sollte. Besonders

---

132   vgl. Business.pinterest.com (n) 2020

interessant für das Marketingteam war es, Awareness und Kauferwägung jüngerer Nutzer zu erhöhen.

Ziel

Mit der Einführungskampagne des neuen Avalon sollte die Awareness für das neue Modell gesteigert werden. Insbesondere sollte die Inneneinrichtung, das Außendesign, neue Technologiefunktionen und verbesserte Leistung in der Kampagne hervorgehoben werden. Die Marke setzte auf Pinterest als Plattform für die Kampagne, um hier Autokäufer der Generation Y und Millenials anzusprechen und deren Kauferwägung zu erhöhen.

Vorgehensweise

Für die Kampagne veröffentlichte Toyota auf Pinterest eine Reihe von Promoted Videos. In kurzen Clips wurden Innen- und Außenaufnahmen des Fahrzeugs gezeigt, um den Nutzern das Fahrgefühl zu vermitteln. Mit einer Fahrt neben einem Sportboot wurde der Sport+ Modus vorgestellt und auch das Öffnen der Türen mittels einer Apple Watch wurde gezeigt. Neben den Videos wurden auch Promoted Pins veröffentlicht, die Fotos des Innenraums und den Avalon in verschiedenen Umgebungen zeigten. Für Kontext und Branding wurden die Pins mit Overlay-Text versehen.

Ergebnis

Die Avalon-Kampagne erzielte Millionen Videoaufrufe und eine durchschnittliche View-Through-Rate der Videos von 53 %, was weit über der eigenen Benchmark Toyotas auf Pinterest lag. Zusammen mit den Promoted Pins wurden Millionen Impressions generiert. Pins mit einer Kombination aus Außen- und Innenaufnahmen wiesen eine bessere Performance auf als solche mit nur einem Blickwinkel. Avalon-Pins wurden zudem organisch von Nutzern auf absichtsbezogenen Pinnwänden gemerkt, was weitere Interaktionen hervorrief.[133]

---

133 vgl. Business.pinterest.com (o) 2020

9 Leitfaden zur Entwicklung einer Pinterest-Strategie

9.1 Schritt 1: Analyse des Ist-Zustands und Zielsetzung

Bevor mit der Entwicklung einer Strategie für die Nutzung von Pinterest begonnen werden kann, sollte sich das Unternehmen im Klaren darüber sein, ob Pinterest als Maßnahme sinnvoll für die eigene Marke ist. Dazu wird eine Analyse der momentanen Content-Strategie (Ist genügend eigener Content vorhanden, der visuell für Pinterest umgesetzt werden kann?) und eine Analyse des Zielgruppenpotenzials auf Pinterest (Bewegt sich meine Zielgruppe auf Pinterest?) benötigt. Ermittelt werden kann das Zielgruppenpotenzial mit einer Analyse von Web-Analytics-Daten oder einer Kundenbefragung zur Nutzung von Pinterest. Zur ausführlichen Ermittlung des eigenen Content-Potenzials kann ein Content Audit, beschrieben in Abschnitt 9.3, durchgeführt werden.

Ergeben beide Untersuchungen, dass eine Nutzung von Pinterest eine sinnvolle Ergänzung des eigenen Content-Marketings bzw. Online Marketings ist, sollte sich das Unternehmen im nächsten Schritt über zu erreichende Ziele bei der Einbindung von Pinterest klar werden. Pinterest bietet dabei entsprechende Tools, wie verschiedene Pin-Formate oder Anzeigen, um spezifische Ziele in den Bereichen Reichweite, Image-Building und E-Commerce zu erreichen. Die Ziele sollten einerseits spezifisch auf Pinterest ausgerichtet sein, aber natürlich andererseits auch im übergeordneten Kontext der Online-Strategie eingeordnet werden. Um den Erfolg der Ziele messen zu können, kann zum Beispiel die Methode der SMART Ziele angewendet werden. Zudem ist die Auswahl passender KPIs Grundlage für eine aussagekräftige Erfolgsmessung.

Definition SMART Ziele

Die SMART-Methode ist im Projektmanagement eine strategische Vorgehensweise zur Definition und Einhaltung von Zielen. SMART steht dabei für **Specific** (Was genau soll erreicht werden?), **Measurable** (Ist der Erfolg messbar?), **Attainable** (Wie kann das Ziel erreicht werden?),

Relevant (Warum ist das Ziel wichtig), **Time Bound** (Wann soll das Ziel erreicht werden?). Erfüllen die selbstdefinierten Ziele alle diese Kriterien, sind sie so gut definiert, dass die Ziele umsetzbar sind.[134]

Ein Beispiel für eine SMARTe Zielsetzung bei der Integration von Pinterest in das Content-Marketing wäre zum Beispiel:

Bei der initialen Integration von Pinterest in das Content-Marketing soll der durch Pinterest erzeugte Website-Traffic mit organischen und bezahlten Pins in den ersten sechs Monaten von 0 % auf 20 % wachsen.

- ☐ **Specific/Spezifisch:** Eine Steigerung des Pinterest Website-Traffics von 0 % auf 20 % durch die Veröffentlichung von organischen und bezahlten Inhalten.

- ☐ **Measurable/Messbar:** Mit Google Analytics lässt sich der Website-Traffic aus verschiedenen Quellen analysieren. (Zu beachten ist hier, dass Pinterest in GA unter Social und nicht unter Search läuft).

- ☐ **Attainable/Erreichbar:** Vorhandener Website-Content wird regelmäßig als organische und bezahlte Pins mit sinnvoller Verlinkung veröffentlicht.

- ☐ **Relevant/Relevant:** Eine Erhöhung des Website-Traffics bedeutet, dass sich mehr Nutzer mit dem eigenen Content- und Produkt-Angebot auseinandersetzen, was die Grundlage einer Kundenbeziehung werden kann.

- ☐ **Time Bound/Terminiert:** Das Ziel soll innerhalb von 6 Monaten erreicht werden.

---

134   vgl. Kuhlmann-Rhinow 2017

> **Definition KPI**
> KPI steht für Key Performance Indicator. Damit sind Kennzahlen gemeint, anhand derer sich die Entwicklung und der Erfolg von Maßnahmen und Kampagnen im Onlinemarketing (insbesondere E-Commerce und SEO) ablesen lässt.[135] Mit Kennzahlen wie Impressions, Click-through-Rate, Cost-per-Klick, Leads und vielen weiteren lässt sich die Performance von bezahlten und unbezahlten Maßnahmen einschätzen.[136]

Auch für die Nutzung von Pinterest spielen KPIs eine Rolle. Die Pinterest Analytics geben Einblicke in die Performance des eigenen Profils mit seinen Inhalten. Wichtige Kennzahlen sind hier zum Beispiel die monatlichen Impressions, Interaktionen mit Pins und Klicks auf Links. Auch bei der Auswertung einer Ads-Kampagne spielen KPIs eine Rolle, besonders in Bezug auf die ausgegebenen Kosten. Beim Punkt Messbarkeit der SMART-Ziele geben die Kennzahlen Hinweise zur Erreichung der Ziele.

Die passende Kennzahl zum oben genannten Beispiel für ein SMART-Ziel zur Messung des Website-Traffics ist der prozentuale Anstieg des Traffics aus der Quelle Pinterest. Weiterführende Kennzahlen in diesem Zusammenhang sind die Klicks auf Links in Pinterest und die durch die Quelle Pinterest erzeugten Page Impressions.

Sind die Unternehmens-Ziele für die Pinterest Strategie gesetzt, können in den nächsten Schritten der Strategieentwicklung darauf ausgerichtete Maßnahmen entwickelt werden und deren Erfolg nach der Durchführung gemessen und bewertet werden.

9.2 Schritt 2: Analyse der Zielgruppe

Ist sich das Unternehmen über die Pinterest-Nutzung und die Zielsetzungen im Klaren, sollte im folgenden Schritt die Zielgruppe analysiert werden, welche auf Pinterest erreicht werden kann. Besteht bereits ein Pinterest-Profil, können erste Anhaltspunkte mit Pinterest Analytics und den Zielgrup-

---

135   vgl. Ryte.com (d) 2019
136   vgl. Lammenett 2017, S. 428ff

pen-Insights erhoben werden. Ausführlichere Einsicht in die Pinterest-Zielgruppe kann mit quantitativen oder qualitativen Erhebungen gewonnen werden, bei denen die Zielgruppe näher zu ihrer Pinterest-Nutzung befragt wird.

Interessant ist dabei herauszufinden, wie und für was die Zielgruppe Pinterest nutzt und welche Inhalte dabei für sie relevant sind. Besonders wertvoll ist auch die Information, wie die Nutzer bei ihrer Suche auf Pinterest vorgehen und auf welche Inhalte mit welcher Ausgestaltung sie in welcher Suchphase ansprechen. Bei der Auswertung einer solchen Befragung lassen sich schnell ähnliche Nutzerprofile ausmachen und gruppieren. So lassen sich die verschiedenen Nutzertypen mit ihren charakteristischen Merkmalen definieren, die sich in der Unternehmenszielgruppe auf Pinterest bewegen. Basierend auf diesen Nutzertypen werden im nächsten Schritt repräsentative Personas erstellt.

Definition Personas
Definiert nach Keßler et al. sind Personas „fiktive Nutzerprofile, die konkrete Personen einer Zielgruppe in ihren Eigenschaften und Gewohnheiten charakterisieren."[137] Personas repräsentieren als fiktive Personen-Profile Interessen, Bedürfnisse, Suchintentionen und Suchvorgehen einer Nutzergruppe und sind ein hilfreiches Element beim Aufbau einer zielgruppenspezifischen Strategie.

Repräsentative Personas zu erstellen hilft dabei, sich die jeweilige Nutzergruppe mit ihren Bedürfnissen, ihrem Vorgehen bei der Suche auf Pinterest und ihrem Interesse an bestimmten Inhalten und deren Ausgestaltung besser vorzustellen. Das erleichtert die Erstellung der Inhalte für Pinterest, die vor allem dann erfolgreich werden, wenn sie die jeweiligen Nutzergruppen ansprechen. Für die Strategieentwicklung auf Pinterest sollte sich ein Unternehmen die zwei bis vier wichtigsten Nutzergruppen aus seiner Zielgruppe heraussuchen und dazu Personas erstellen. Basierend auf den erhobenen Charakteristika dieser Profile kann dann die Auswahl von Themen für Pinterest und die Gestaltung der Pins erfolgen.

---

137   Keßler / Rabsch / Mandić 2015, S. 96

9.3 Schritt 3: Content Audit und Themenrecherche

Nachdem die Ziele und Zielgruppe für die Content-Strategie ausgearbeitet sind, erfolgt eine Analyse des Ist-Zustands bereits bestehender Inhalte in Form eines Content Audits. Mit einem Content Audit kann überprüft werden, wie Keßler et al. hervorheben, ob bereits bestehende Inhalte zu den definierten Zielen und der Zielgruppe passen. Zusätzlich wird ersichtlich, ob potenzielle Kunden in allen Phasen und an allen Touchpoints ihrer Customer Journey mit den Inhalten angesprochen werden. Dabei lassen sich auch Schwachstellen und Optimierungspotenzial finden, sowie Prioritäten, die für die strategische Content-Planung im nächsten Schritt gesetzt werden sollten.[138] In Bezug auf den Aufbau der Pinterest-Strategie können für den Content Audit sowohl bereits bestehende Pins (falls vorhanden), sowie der Website-Content analysiert werden. Ein Content Audit erfolgt zuerst in einer quantitativen Bestandsaufnahme. Bei dieser werden alle existierenden Inhalte des Profils und der Website, wie Texte, Bilder etc. aufgelistet. Mithilfe des Content Audits können Themen dann qualitativ analysiert und geclustert, sowie ihre Relevanz für Pinterest ermittelt werden.

Besteht bereits ein Pinterest-Profil mit Inhalten, kann zu Beginn des Content Audits dieses analysiert werden. Herauszufinden gilt, wo momentan Schwachstellen des Profils liegen, welche Inhalte bereits vorhanden sind und welche Inhalte gut funktionieren. Hinweise auf erfolgreichen Content gibt eine hohe Click-through-Rate der Pins. Falls noch kein Pinterest-Profil besteht, kann dies übersprungen und direkt die Website analysiert werden.

Mit einem Content Audit der eigenen Website erhält man einen guten Überblick, zu welchen Themen schon Inhalte vorhanden sind, die auf Pinterest umgesetzt werden können. Die Website-Inhalte sollten in Kategorien und Themen innerhalb der Kategorien aufgeteilt werden, damit auf Pinterest entsprechende Kategorie-Boards mit passenden Themen-Pins erstellt werden können. Außerdem erwarten Pinterest-Nutzer beim Klick vom Pin auf die Website informative und relevante Landingpages. Deswegen kann im Content Audit auch überprüft werden, ob die Landingpages die Suchintentionen der Nutzer befriedigen und welche Optimierungsmöglichkeiten es gibt. Wie eine Landingpage optimiert werden kann, erklärt Abschnitt 6.4.

Ist mit dem Content Audit ein Überblick über die bereits vorhandenen Themen geschaffen, erfolgt eine Recherche zur Aufdeckung von weiteren,

---

138   vgl. Keßler / Rabsch / Mandić 2015, S. 103

für die Zielgruppe relevanten Themen. Neue Inhalte können mit Brainstorming, Analyse der Wettbewerber und mithilfe von Nutzer-Suchanfragen, sowohl in Pinterest als auch in Google, gefunden werden. Laut Hagen und Münzer gilt es vor allem, die Schnittmenge zwischen den gefundenen Themen und Interessen, Problemen und Bedürfnissen der Nutzer zu finden, denn dies sind die Inhalte, welche der Zielgruppe den größten Nutzen bieten.[139] Als Resultat von Content Audit und Themenrecherche wurde im besten Fall eine lange Liste von Themenkategorien und untergeordneten Themen gebildet.

Um diese Themen nun nach Relevanz ordnen zu können, sollte eine Analyse des Suchvolumens erfolgen. Auf Pinterest ist das Suchvolumen von verschiedenen Suchanfragen zwar nicht ersichtlich, Hinweise auf die Relevanz von Keywords kann man aber trotzdem finden. Bei der Eingabe einer Suchanfrage oder einer Themenkategorie schlägt Pinterest direkt im Suchfeld und danach auch in den rechteckigen Kästen unter dem Suchfeld weitere Suchanfragen und Keywords vor. Diese sind wichtig, denn sie zeigen, wie Nutzer in Pinterest nach Themen suchen. Diese Keyword-Recherche sollte in Pinterest für die verschiedenen gefundenen Themen durchgeführt werden. Ein weiterer Trick zum Finden von relevanten Keywords ist der Keyword-Bereich in Pinterest Ads. Um die gefundenen Keywords und Suchanfragen ungefähr einordnen zu können, können auch Suchvolumentools für Google, wie ubersuggest, verwendet werden. Diese bilden zwar nicht das exakte Suchvolumen für die gleichen Keywords in Pinterest ab, bieten aber einen guten Anhaltspunkt, um Themen nach Relevanz für Nutzer ordnen zu können. Eine Keyword-Recherche ist nicht nur hilfreich für die Priorisierung von Inhalten, sondern gibt auch direkt Hinweise auf das Wording für Titel und Beschreibungstexte in Pinterest.

9.4 Schritt 4: Ermittlung von Ressourcen

Bevor Themenpotenziale zu echten Inhalten für Pinterest umgesetzt werden können, muss sich das Unternehmen zuerst noch über das Thema Ressourcen im Klaren sein. Pinterest ist eine Bilderplattform. Das bedeutet, um dort erfolgreich zu sein muss viel und vor allem auch gutes Bildmaterial vorhanden sein. Vor der konkreten Umsetzung von Inhalten muss klar

---

139   vgl. Hagen / Münzer 2019, S. 80

sein, ob genügend Bildmaterial vorhanden ist, das die verschiedenen Website-Themen widerspiegelt.

Gibt es hier einen Mangel, muss entsprechendes Bildmaterial erstellt werden. Für die zukünftige Bildproduktion ist es außerdem sinnvoll im Hinterkopf zu behalten, dass die Inhalte auch auf Pinterest veröffentlicht werden sollen und daher eventuell andere Formate benötigt werden. Für das Thema Videomaterial gilt das Gleiche. Nicht nur das Vorhandensein inhaltlicher Ressourcen sollte vor der Arbeit mit Pinterest klar sein, auch die entsprechende Manpower an Redakteuren und Grafikern ist für die Planung wichtig.

9.5 Schritt 5: Planung von Inhalten und strategischen Maßnahmen

Besteht noch kein Pinterest Business Profil, sollte dieses im nächsten Schritt angelegt und verifiziert werden. Bevor die Planung der eigenen Inhalte und deren Gestaltung beginnt, sollten auch noch einmal Wettbewerber auf Pinterest und deren Inhalte betrachtet werden. Dies kann zum einen noch einmal Themenideen hervorbringen, zum anderen zeigt es aber, mit welchen Pins die eigenen später im Feed der Nutzer konkurrieren müssen. Die Gestaltung von Konkurrenz-Pins gibt auch Hinweise für die Erstellung eigener Pins.

Für die Planung der Inhalte müssen zum einen die Personas und zum anderen die eigenen, zur Verfügung stehenden Inhalte und Ressourcen beachtet werden. Das Content-Team muss sich die Frage stellen, wie die Zielgruppe Inhalte konsumieren will und in welchen Formaten die Website-Inhalte sinnvoll umgesetzt oder neu produziert werden können. Content-Formate für Pinterest können dabei Bilder, Anleitungs-Pins, Produkt-Pins, Infografiken oder Videos sein. Nicht jeder Inhalt funktioniert in jedem Format gleich gut.

Im Schritt der Content-Planung stehen zur Formulierung strategischer Maßnahmen die Personas im Vordergrund. Denn für verschiedene Nutzertypen, funktionieren verschiedene Pin-Arten und Wordings unterschiedlich gut. Mit der Erstellung der Personas, die am besten auf qualitativen Erhebungen basieren, lassen sich die verschiedenen Bedürfnisse und Suchintentionen der Nutzertypen abbilden. Darauf basierend können Pin-Formate, visuelle Ausgestaltung und Keywords gewählt werden, um Content so relevant wie möglich für die Personas zu gestalten.

Beispielsweise konsumiert ein Nutzertyp vielleicht gerne die komplette Anleitung zu DIY-Projekten in Pinterest selbst. Hier wären Bilder-Pins, die eine Anleitung zeigen oder Videos der Anleitung das passende Format, um diesen Nutzertyp zu erreichen. Ein anderer Nutzertyp sieht sich in Pinterest vielleicht lieber inspirierende Bilder für das DIY-Projekt an und möchte die Anleitung auf der Website nachlesen. Wichtig bei der Planung von Pins ist, dass Inhalte immer in verschiedenen Formaten veröffentlicht werden sollten. Lädt man ein Thema nur mit einem einzigen Pin hoch, erregt man damit nur die Aufmerksamkeit eines kleinen Teils der Zielgruppe. Wird der gleiche Inhalt aber in verschiedenen Pin-Formaten und mit variierender Gestaltung umgesetzt, lassen sich somit mehr Nutzertypen in der eigenen Zielgruppe erreichen. Mehr hilfreiche Tipps zu diesem Thema lassen sich in Abschnitt 5.4.2 finden.

Im Schritt der Content-Planung sollte zudem festgelegt werden, wann welche Themen veröffentlicht werden. Dabei spielen vor allem auch saisonale Themen eine wichtige Rolle. Außerdem sollte definiert werden, welche Pin-Arten (Rich Pins, Shopping Pins, Karussell-Pins) bei welchen Themen zum Einsatz kommen können. Alle diese Informationen können in einem Redaktionsplan festgehalten werden. Dort können zudem die entsprechenden Keywords zu den Pins und Ankerlinks zu Landingpages gespeichert werden. Auch Handlungsanweisungen für zukünftige Inhalte auf der Website und dazugehörige Pinterest-Inhalte können hier festgehalten werden.

9.6 Schritt 6: Erstellung von Inhalten

Dem Redaktionsplan folgend können dann im nächsten Schritt die ersten Inhalte erstellt werden. Da auf Pinterest regelmäßig gepinnt werden sollte, lohnt es sich, viele Pins im Voraus zu produzieren. Auch für die Nutzung von Pinterest-Planungstools wie Tailwind, welche die geplanten Pins für einen ganzen Monat automatisiert veröffentlichen können, ist eine gebündelte Erstellung der Pins im Voraus sinnvoll.

Um die grafische Inhalte-Produktion zu vereinfachen, sollte mit Pin-Templates gearbeitet werden. Diese können jeweils für die verschiedenen Gestaltungsmaßnahmen je Nutzertypen erstellt werden und für die verschiedenen Themen wiederverwendet werden. Dies vereinfacht nicht nur die Erstellung, sondern erhöht auch später den Wiedererkennungswert der Pins im Feed. Neben der visuellen Ausarbeitung kann in diesem Schritt auch die redaktionelle Erstellung von keyword-optimierten Headlines und Texten zu den einzelnen Pins erfolgen.

9.7 Schritt 7: Pinterest richtig nutzen

Um Pinterest erfolgreich zu nutzen, sollten einige grundlegende Regeln beachtet werden. Das eigene Profil sollte mindestens fünf eigene Pinnwände enthalten, auf denen mindestens 50 Pins gespeichert sind. Pro Tag sollten weitere fünf Pins gemerkt werden. Wichtig auf Pinterest ist nicht nur Quantität der Pins, sondern vor allem Qualität und Relevanz für die Nutzer, sowie eine regelmäßige Veröffentlichung der Pins. Auch fremde Pins sollten gepinnt werden. Optimal auf einer Pinnwand ist ein Verhältnis von 80 % eigenen Pins zu 20 % Repins. Auch verschiedene Pin-Arten, wie z. B. Rich Pins, sollten sinnvoll eingesetzt werden. Sie geben Nutzern mehr Information oder können im Fall von Shopping-Pins auch Impuls-Käufe auslösen.

Je mehr sich ein Pin von Konkurrenz-Pins abhebt desto eher erregt er die Aufmerksamkeit des Nutzers und leitet diesen auf die eigene Website. Um sicherzustellen, dass Nutzer nicht nur den auf Pinterest veröffentlichten Content repinnen können, sollte der Pinterest Save Button auf der Website eingebunden werden. So erhalten Besucher die Möglichkeit, Website-Inhalte auf ihrem Pinterest-Profil zu speichern und dabei noch mehr Reichweite zu erzeugen.

Da Pinterest eine keyword-basierte Suchmaschine ist, müssen Inhalte beim Upload dafür optimiert sein. Sowohl die eigenen Pins als auch der Website-Content lassen sich an verschiedenen Stellen keyword-optimieren. Diese Maßnahmen stellen sicher, dass der Pinterest-Algorithmus Nutzern mit hoher Affinität zu einem Thema die passenden Pins ausspielt. Auch für das Ranking der eigenen Inhalte in den Suchergebnisfeeds aus Pinterest ist eine Optimierung mit Keywords wichtig. Wie genau sich Inhalte für Pinterest optimieren lassen, zeigt Abschnitt 6.3.

Um die Bekanntheit des eigenen Profils zu steigern, sollte auf hauseigenen Kanälen auf das Pinterest-Profil aufmerksam gemacht werden. Auch Pincodes sind eine Möglichkeit, mit Produkten oder am Point of Sale das eigene Profil zu bewerben und passende Inhalte zum Produkt zur Verfügung zu stellen.

9.8 Schritt 8: Pinterest-Content monitoren und optimieren

Veröffentlichte Pins auf Pinterest und die Performance des Profils können und sollten regelmäßig mit Pinterest Analytics überwacht werden. So können v. a. auch gut funktionierende Themen und Pins erkannt werden. Um die Reichweite dieser Pins zu erhöhen, können diese beworben werden. Gut funktionierende Pins dienen als eigene Best-Practice-Beispiele, was inhaltliche Umsetzung und Gestaltung angeht.

In Abb. 33 wird deutlich, wie der Monitoring- und Optimierungsprozess von Top-Pins sich auf die Phasen der Content-Planung und der Pin-Erstellung auswirkt. In einem ständigen Prozess sollten die erfolgreichen Pins auf ihre inhaltlichen Themen und ihre visuelle Gestaltung untersucht und daraus Regeln für zukünftige inhaltliche Themen und Gestaltung abgeleitet werden.

Auch erfolglose Pins können mit Pinterest Analytics erkannt werden. Um diese zu optimieren, können sie beispielsweise visuell neu gestaltet oder der Beschreibungstext optimiert werden. Pinterest Analytics hilft außerdem dabei, die Zielgruppe weiter zu analysieren und zukünftige Inhalte besser auf sie abzustimmen. Zu erfolgreichen oder saisonal wichtigen Themen können neben den organischen Pin-Kampagnen auch beworbene Pin-Kampagne eingesetzt werden, um Marketingziele zu erreichen.

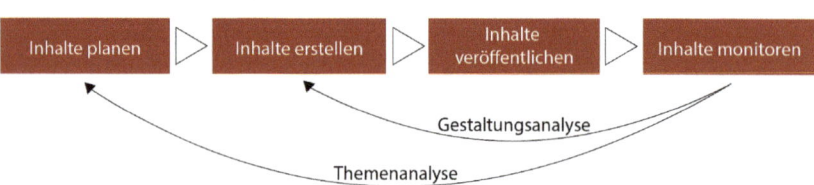

Abb. 33 Monitoring und Optimierungsprozess von Pins mit Pinterest Analytics (Quelle: Eigene Darstellung)

Ein wichtiger Optimierungspunkt bei der Nutzung von Pinterest sind zudem die verlinkten Landingpages der Pins. Wenn ein Pin die Aufmerksamkeit eines Nutzers während seiner Suche erregt, entscheidet er sich im besten

Fall auf die Website weiter zu klicken. Die auf der verlinkten Landingpage bereitgestellten Inhalte müssen dann den geweckten Erwartungen der Nutzer entsprechen.

Befinden sich auf der Landingpage verschiedene Inhalte, sollte ein Ankerlink zu exakt dem Abschnitt führen, mit welchem sich der Pin beschäftigt. Nutzer möchten nicht lange auf einer Website nach versprochenen Inhalten suchen. Mit ausführlichen, strukturierten Informationen auf der Website können relevante Antworten auf die Suchanfrage des Nutzers geliefert werden. Weiterführende Themen und interne Verlinkungen zu zusätzlichen Informationen können dabei helfen den Besucher länger am Touchpoint Website zu halten, um ihn mit der Relevanz der bereitgestellten Inhalte zu überzeugen. Eine kurze Time-on-site und hohe Absprungrate der von Pinterest kommenden Nutzer geben Hinweise darauf, dass die Landingpage optimiert werden muss.

Checkliste zur Entwicklung einer Pinterest-Strategie

Grundlegende Fragen

☑ Ist Pinterest ein sinnvoller Kanal für die eigene Marke?

☑ Bewegt sich die Zielgruppe auf Pinterest?

☑ Sind genug Inhalte (auf der Website) vorhanden, die auf Pinterest umgesetzt werden können?

☑ Welche Erwartung gibt es an die Integration von Pinterest in das Online Marketing?

Ziele

☑ Festlegung der übergeordneten Ziele bei der Integration von Pinterest in die Online-Strategie.

☑ Aufstellung der spezifischen Pinterest-Ziele in den Bereichen Reichweite, Brand Awareness, Traffic oder E-Commerce.

☑ Sind die Ziele SMART definiert?

☑ Welche KPIs ergeben sich aus den Zielen?

☑ Lassen sich aus den Zielen schon verschiedene Maßnahmen / Strategieansätze herauslesen?

Zielgruppe

☑ Wer ist die Zielgruppe auf Pinterest?

☑ Definition der Zielgruppe mit quantitativen Analytics-Daten und qualitativen Befragungen.

☑ Zielgruppe analysieren: Für was nutzt die Zielgruppe Pinterest? Was suchen Nutzer dort? Was sind Nutzerbedürfnisse? In welchen Stadien ihrer Customer Journey nutzt die Zielgruppe Pinterest? Was sind die Interessen der Nutzer?

☑ Anhand von Befragungen gleiche Profile zu Nutzertypen zusammenfassen.

☑ Repräsentative Personas für die 2–4 relevantesten Nutzertypen entwickeln.

Content Audit und Recherche

- ☑ Erstellung eines Content Audit als Analyse der eigenen Website.
- ☑ Welche Landingpages sind vorhanden? Befriedigen die Landingpages die Bedürfnisse der Nutzer inhaltlich und strukturell oder müssen sie optimiert werden?
- ☑ Welche Themen werden auf der Website behandelt? Welche Themen sprechen die Personas besonders an?
- ☑ Welche Pinnwand-Themen ergeben sich aus den Website-Themen?
- ☑ Falls bereits ein Pinterest-Profil besteht: Welche Pins funktionieren gut? Wo gibt es VerbesserungsPotenzial? Hinweise auf erfolgreiche Pins gibt eine hohe Click-through-Rate.
- ☑ ThemenPotenziale mit Recherche aufdecken: Brainstorming, Analyse der Wettbewerber und Nutzer-Suchanfragen (Pinterest und Google).
- ☑ Recherche von Keywords und deren Suchvolumen.

Ermittlung von Ressourcen

- ☑ Analyse, ob bereits genügend Bild-/Videomaterial vorhanden ist oder ob dieses neu erstellt werden muss.
- ☑ Planung der Manpower zur Erstellung von Inhalten und Betreuung des Profils.

Ausarbeitung strategischer Maßnahmen und Content-Planung

- ☑ Wichtigste Grundlage zur Ausarbeitung strategischer Maßnahmen sind die Personas und die zur Verfügung stehenden inhaltlichen Ressourcen.
- ☑ Wie wollen die jeweiligen Personas Inhalte konsumieren?
- ☑ In welchen Formaten lassen sich Website-Inhalte sinnvoll umsetzen? (z. B. Bilder, Videos, Infografiken ...).
- ☑ Welche Pin-Arten machen für welche Inhalte Sinn? (Rich Pins, Story Pins, Karussell Pins ...).
- ☑ Visuelle Ausgestaltung von Pins und Wording auf Personas und deren Bedürfnisse abstimmen.
- ☑ Priorisierung der Themen und Erarbeitung eines Redaktionsplans: Festlegung von Pin-Veröffentlichungen, Verlinkung zu Landingpages und Keywords.

☑ Saisonale Themen bei der Planung beachten (Pins dazu sollten 30–45 Tage im Voraus veröffentlicht werden).

☑ Optional Planungs- und Automatisierungstool verwenden.

☑ Optional: Verwendung von Rich Pins, Pincodes und Co. planen.

☑ Optional: Planung von Anzeigen-Kampagnen.

Content-Erstellung

☑ Grundlage sind die strategisch erarbeiteten Gestaltungsrichtlinien für die eigenen Inhalte.

☑ Gestaltungvorgaben von Pinterest beachten (Formate, Dateigrößen etc.).

☑ Zur Optimierung des Kreationsprozesses Pin-Templates erstellen und nutzen.

☑ Das gleiche inhaltliche Thema immer in variierenden Pins umsetzen.

Pinterest Business-Profil erstellen und loslegen

☑ Erstellung eines Pinterest-Business-Profils (falls noch nicht vorhanden).

☑ Profil verifizieren.

☑ Profilinformationen festlegen (Beschreibungstext, Profilbild).

☑ Pinnwand-Aufbau nach Themen (Titel, Beschreibungstext).

☑ Erstellung einheitlicher Pinnwandcover.

☑ Pinnen von eigenen Pins und relevantem Fremd-Content (80:20-Regel)

☑ Regelmäßig pinnen (5-50-5-Regel).

☑ Inhalte suchmaschinenoptimiert hochladen.

☑ Save Button auf der eigenen Website einbinden.

☑ Auf anderen Unternehmenskanälen auf Pinterest-Präsenz aufmerksam machen.

Content-Monitoring und Optimierung

☑ Entwicklungen des eigenen Pinterest-Profils in den Pinterest Analytics verfolgen.

☑ Website-Traffic durch Pinterest auf Google Analytics verfolgen.

☑ Zielgruppen-Insights der Pinterest Analytics verwenden, um die Zielgruppe besser zu verstehen und neue ThemenPotenziale zu finden.

☑ Top-Pinnwände geben Hinweise auf beliebte Themen.

☑ Top-Pins geben Hinweise auf beliebte Themen und gute Pin-Gestaltung.

☑ An diesen eigenen Best-Practice-Beispielen orientieren und weniger gut funktionierende Themen oder Pins immer wieder optimieren, sowie Neues ausprobieren.

Literaturverzeichnis

Broschart Steven/Monschein, Rainer: Der Content Faktor. Schreiben Sie Texte, die gefunden und gelesen werden. Haar bei München: Franzis Verlag 2017

Business.pinterest.com: Introducing Search Ads on Pinterest. URL: https://busines s.pinterest.com/en/blog/introducing-search-ads-on-pinterest [Stand: 31.01.2017; Zugriff: 18.04.2020]

Business.pinterest.com: AGB für Unternehmen. URL: https://business.pinterest.co m/de/business-terms-of-service [Stand: 25.05.2018; Zugriff: 21.06.2020]

Business.pinterest.com (a): Your inspiring ideas belong here. URL: https://business .pinterest.com/en [Stand: 2020; Zugriff: 24.05.2020]

Business.pinterest.com (b): How Pinterest works. URL: https://business.pinterest.c om/en/how-pinterest-works [Stand: 2020; Zugriff: 26.01.2020]

Business.pinterest.com (c): A software recruiter finding ways to save for retire-ment. URL: https://business.pinterest.com/en/pinnerstory/meet-becki [Stand: 2020; Zugriff: 02.05.2020]

Business.pinterest.com (d): A teacher upgrading her ride. URL: https://business.pin terest.com/en/pinnerstory/meet-kris [Stand: 2020; Zugriff: 9.03.2020]

Business.pinterest.com (e): Tipps für Pinterest-Inhalte. URL: https://business.pinte rest.com/de/Pinterest-content-tips [Stand: 2020; Zugriff: 18.04.2020]

Business.pinterest.com (f): A guitarist with good taste. URL: https://business.pinte rest.com/en/pinnerstory/meet-ryan [Stand: 2020; Zugriff: 9.03.2020]

Business.pinterest.com (g): About our audience. URL: https://business.pinterest.co m/en/pinterest-stories [Stand: 2020; Zugriff: 30.04.2020]

Business.pinterest.com (h): Meet Jacob. URL: https://business.pinterest.com/en/pin nerstory/meet-jacob [Stand: 2020; Zugriff: 02.05.2020]

Business.pinterest.com (i): An Ankara Print aficionado. URL: https://business.pinte rest.com/en/pinnerstory/meet-nneka [Stand: 2020; Zugriff: 02.05.2020]

Business.pinterest.com (j): Pinterest Product Specs. URL: https://business.pinterest .com/en/Pinterest-product-specs [Stand: 2020; Zugriff: 14.04.2020]

Business.pinterest.com (k): Creative best practices. URL: https://business.pinterest. com/en/creative-best-practices [Stand: 2020; Zugriff: 27.04.2020]

Business.pinterest.com (l): Shop the Look Pins. URL: https://business.pinterest.com /en/shop-the-look-pins [Stand: 2020; Zugriff: 27.04.2020]

Business.pinterest.com (m): TIPTOE. URL: https://business.pinterest.com/en/succ ess-stories/tiptoe [Stand: 2020; Zugriff: 09.02.2020]

Business.pinterest.com (n): Media Partisans. URL: https://business.pinterest.com/e
n/success-stories/media-partisans [Stand: 2020; Zugriff: 09.02.2020]

Business.pinterest.com (o): Toyota URL: https://business.pinterest.com/de/success
-stories/toyota [Stand: 2020; Zugriff: 09.02.2020]

Chen, Jenn: Important Instagram Stats you need to know for 2020. URL: htt
ps://sproutsocial.com/insights/instagram-stats/#ig-usage [Stand: 2020; Zugriff:
23.04.2020]

Cheng, Zhongxian: Building a universal search system for Pinterest. URL: https:
//medium.com/pinterest-engineering/building-a-universal-search-system-for-pi
nterest-e4cb03a898d4 [Stand: 21.08.2019; Zugriff: 07.03.2020]

Cooper, Paige: 23 Pinterest Statistics that matter to Marketers in 2019. URL: https://
blog.hootsuite.com/pinterest-statistics-for-business/ [Stand: 27.02.2019; Zugriff:
01.02.2020]

Cover, Lauren: 11 Pinterest facts (and 30 stats) marketers must know in 2020. URL: h
ttps://sproutsocial.com/insights/pinterest-statistics/ [Stand: 28.01.2020; Zugriff:
01.02.2020]

Developers.pinterest.com: Getting started. URL: https://developers.pinterest.com/d
ocs/rich-pins/overview/? [Stand: o.J.; Zugriff: 16.04.2019]

E-commerce-magazin.de: Pinterest: Pincodes nun auch für Deutschland. URL: http
s://www.e-commerce-magazin.de/pinterest-pincodes-nun-auch-fuer-deutschlan
d/ [Stand: 14.03.2018; Zugriff: 28.12.2019]

Eube, Anna: Pinterest ist kein soziales Netzwerk. URL: https://www.welt.de/icon
/article144402398/Pinterest-ist-kein-soziales-Netzwerk.html [Stand: 31.07.2015;
Zugriff: 12.04.2020]

Evans, Heath: Content is King – Essay by Bill Gates. URL: https://medium.co
m/@HeathEvans/content-is-king-essay-by-bill-gates-1996-df74552f80d9 [Stand:
30.01.2017; Zugriff: 21.04.2019]

Firsching, Jan: Facebook Beiträge erreichen 75 % ihrer Reichweite in unter 2 Stunden.
URL: https://www.futurebiz.de/artikel/reichweite-auf-facebook-unter-2-stunde
n/ [Stand: 15.08.2013; Zugriff: 16.04.2020]

Firsching, Jan: Pinterest Anzeigen offiziell in Deutschland gestartet: 4 Mio. Ideen
werden in Deutschland täglich auf Pinterest gespeichert. URL: https://www.f
uturebiz.de/artikel/pinterest-anzeigen-deutschland/ [Stand: 06.03.2019; Zugriff:
08.04.2020]

Fong, Matthew: Hybrid Search: Building a textual and visual discovery experi-
ence at Pinterest URL: https://medium.com/pinterest-engineering/hybrid-search
-building-a-textual-and-visual-discovery-experience-at-pinterest-8527ba9728a9
[Stand: 07.05.2019; Zugriff: 07.03.2020]

Google.com: General Guidelines. URL: https://static.googleusercontent.com/m edia/guidelines.raterhub.com/de//searchqualityevaluatorguidelines.pdf [Stand: 05.12.2019 Zugriff: 05.04.2020]

Grabs, Anne/Bannour, Karim-Patrick/Vogl, Elisabeth: Follow me! Erfolgreiches Social Media Marketing mit Facebook, Instagram, Pinterest und Co. Auflage 5. Bonn: Rheinwerk Verlag 2018

Grigonis, Hillary K.: Like a shopping list but way cooler, Pinterest will now shop Pins für you. https://www.digitaltrends.com/social-media/pinterest-shop-your-b oard/ [Stand: 07.04.2020 Zugriff: 03.05.2020]

Hagen, Lydia/Münzer, Christina: Quick Guide Content. Der Weg zum perfekten Content für mehr Reichweite, Awareness, Leads und Social Engagement. Wiesbaden: Springer Fachmedien 2019

Heath, Alex: Pinterest wants to be a search company, so it's putting search front and center. URL: https://www.businessinsider.de/pinterest-wants-to-be-a-search-co mpany-evan-sharp-2017–7?r=US&IR=T [Stand: 31.07.2017; Zugriff: 20.04.2019]

Heinrich, Stephan: 30 Minuten Content-Marketing. Offenbach: GABAL Verlag 2018

Help.pinterest.com (a): All about Pinterest. URL: https://help.pinterest.com/en/gui de/all-about-pinterest [Stand: 2020; Zugriff: 13.04.2020]

Help.pinterest.com (b): Hashtags auf Pinterest. URL: https://help.pinterest.com/de/ article/hashtags-on-pinterest [Stand: 2020; Zugriff: 10.01.2020]

Help.pinterest.com (c): Create Story Pins. URL: https://help.pinterest.com/en/busin ess/article/story-pins [Stand: 2020; Zugriff: 09.02.2020]

Help.pinterest.com (d): Pinterest Analytics. URL: https://help.pinterest.com/en/bus iness/article/pinterest-analytics [Stand: 2020; Zugriff: 29.03.2020]

Help.pinterest.com (e): Conversion-Tracking mit Pinterest-Tag. URL: https://help .pinterest.com/de/business/article/track-conversions-with-pinterest-tag [Stand: 2020; Zugriff: 04.04.2020]

Help.pinterest.com (f): Targeting Übersicht. URL: https://help.pinterest.com/de/bu siness/article/targeting-overview [Stand: 2020; Zugriff: 04.04.2020]

Help.pinterest.com (g): Keyword Targeting. URL: https://help.pinterest.com/de/bu siness/article/keyword-targeting [Stand: 2020; Zugriff: 04.04.2020]

Help.pinterest.com (h): Gebot festlegen. URL: https://help.pinterest.com/de/busine ss/article/set-your-bid [Stand: 2020; Zugriff: 26.04.2020]

Help.pinterest.com (i): Kampagnenziele. URL: https://help.pinterest.com/de/busine ss/article/campaign-objectives [Stand: 2020; Zugriff: 04.05.2020]

Hilker, Claudia: Content-Marketing in der Praxis. Ein Leitfaden – Strategie, Konzepte und Praxisbeispiele für B2B- und B2C-Unternehmen. Wiesbaden: Springer Fachmedien 2017

Hutchinson, Andrew: Google Outlines the Evolution of Google Lens, and the Future of Visual Search URL: https://www.socialmediatoday.com/news/google-outl ines-the-evolution-of-google-lens-and-the-future-of-visual-sear/544920/ [Stand: 21.12.2018; Zugriff: 19.04.2020]

Investor.pinterestinc.com: Quarterly Results. URL: https://investor.pinterestin c.com/financial-results/quarterly-results/default.aspx [Stand: 2020; Zugriff: 01.04.2020]

Johnson, Brian: Taste Graph part 1: Assigning interests to Pins. URL: https://medium .com/@Pinterest_Engineering/taste-graph-part-1-assigning-interests-to-pins-91 58b4c25906 [Stand: 21.09.2017; Zugriff: 22.05.2019]

Keßler, Esther / Rabsch, Stefan / Mandić, Mirko: Erfolgreiche Websites. SEO, SEM, Online Marketing, Usability. Auflage 3. Bonn: Rheinwerk Verlag

Kuhlmann-Rhinow, Inken: Wie Sie SMART-Ziele im Marketing setzen. URL: htt ps://blog.hubspot.de/marketing/inbound-marketing-ziele-festlegen [Stand: 2017; Zugriff: 15.05.2019]

Knight, Kevin: Repins help you reach more people. URL: https://business.pintere st.com/en/blog/repins-help-you-reach-more-people [Stand: 13.02.2014; Zugriff: 20.05.2019]

Lammenett Erwin: Praxiswissen Online-Marketing. Affiliate- und E-Mail-Marke-ting, Suchmaschinenmarketing, Online-Werbung, Social Media, Facebook-Wer-bung. Auflage 6. Wiesbaden: Springer Fachmedien 2017

Le, James: Pinterest's Visual Lens: How Computer Vision explores your taste. URL: https://medium.com/cracking-the-data-science-interview/pinterests-visual-lens -how-computer-vision-explores-your-taste-47d591b42d7c [Stand: 15.01.2018; Zugriff: 19.04.2020]

Lynley, Matthew: How Pinterest's visual search went from a moonlight project to a real-world search engine. URL: https://techcrunch.com/2017/02/22/how-pinte rests-visual-search-went-from-a-moonlight-project-to-a-real-world-search-engi ne/ [Stand: 22.02.2017; Zugriff: 19.04.2020]

Martinson, Jane: Pinterest Chief Ben Silbermann: we're not a social network. URL: ht tps://www.theguardian.com/media/2016/jun/12/pinterest-ben-silbermann-social -network [Stand: 12.06.2016; Zugriff: 01.02.2020]

McLuhan, Marshall: Understanding Media: The Extensions of Man. London und New York: The MIT Press 1994

Meeker, Mary: Internet Trends 2019. URL: https://www.bondcap.com/report/itr19/ #view/ [Stand: 11.06.2019; Zugriff: 04.06.2020]

Milinovich, John: Introducing the Pinterest Taste Graph and enhanced targeting. URL: https://business.pinterest.com/en/blog/introducing-the-pinterest-taste-gra ph-and-enhanced-targeting [Stand: 21.09.2017; Zugriff: 22.05.2019]

Newsroom.pinterest.com: 150 million people finding ideas on Pinterest. URL: http s://newsroom.pinterest.com/en/post/150-million-people-finding-ideas-on-pinter est [Stand: 13.10.2016; Zugriff: 08.04.2020]

Newsroom.pinterest.com (a): Launch des „Heute Tab" für die tägliche Inspiration. URL: https://newsroom.pinterest.com/de/post/launch-des-heute-tab-fuer-die-ta egliche-inspiration [Stand: 24.03.2020; Zugriff: 18.04.2020]

Newsroom.pinterest.com (b): Neue Möglichkeiten, auf Pinterest zu shoppen und Einzelhändler aller Größenordnungen zu entdecken. URL: https://newsroom.p interest.com/de/post/neue-moeglichkeiten-auf-pinterest-zu-shoppen-und-einzel haendlern-aller-groessenordnungen-zu [Stand: 07.04.2020; Zugriff: 18.04.2020]

Policy.pinterest.com: AGB URL: https://policy.pinterest.com/de/terms-of-service [Stand: 2020; Zugriff: 11.01.2020]

Price, Robb: Shopping on Instagram is going to be huge – but it's barely gotten started yet. URL: https://www.businessinsider.com/instagram-users-not-using-a pp-for-shopping-huge-opportunity-2020–1?r=DE&IR=T [Stand: 15.01.2020; Zu-griff: 21.01.2020]

Reachbird.io: Pinterest Strategie für Brands und Best Practice Beispiele. URL: htt ps://www.reachbird.io/magazin/de/pinterest-strategie-fur-brands-und-best-prac tice-beispiele/#marketing [Stand: 2019; Zugriff: 28.12.2019]

Ryte.com (a): Customer Journey. URL: https://de.ryte.com/wiki/Customer_Journey [Stand: 2019; Zugriff: 13.04.2020]

Ryte.com (b): Keyword. URL: https://de.ryte.com/wiki/Keyword [Stand: 2019; Zu-griff: 12.04.2020]

Ryte.com (c): Touchpoint. URL: https://de.ryte.com/wiki/Touchpoint [Stand: 2019; Zugriff: 13.04.2020]

Ryte.com (d): KPI. URL: https://de.ryte.com/wiki/KPI [Stand: 2019; Zugriff: 13.03.2020]

Sas.com: Computer Vision. What it is and why it matters. URL: https://www .sas.com/en_us/insights/analytics/computer-vision.html [Stand: 2020; Zugriff: 19.04.2020]

Sistrix.com: Was sind Backlinks?. URL: https://www.sistrix.de/frag-sistrix/backlink s/ [Stand: 2019; Zugriff: 28.05.2019]

Speer, Mike: Outsmart the Smart Feed: How to Optimize your Pins for the Pinterest Algorithm URL: https://medium.com/swlh/outsmart-the-smart-feed-how-to-op

timize-your-pins-for-the-pinterest-algorithm-380ff3076248 [Stand: 17.07.2019; Zugriff: 18.04.2020]

Statista.com: Auf welchen Social-Media-Kanälen haben Sie ein Unternehmensprofil? URL: https://de.statista.com/statistik/daten/studie/787541/umfrage/social-media-praesenz-von-online-haendlern-in-deutschland/ [Stand: 11/2017; Zugriff: 17.04.2019]

Statista.com: Anteil der befragten Internetnutzer, die Pinterest nutzen, nach Altersgruppen in Deutschland im Jahr 2017. URL: https://de.statista.com/statistik/daten/studie/812588/umfrage/nutzung-von-pinterest-nach-altersgruppen-in-deutschland/ [Stand: 02/2018; Zugriff: 21.04.2019]

Statista.com (a): Anteil der befragten Internetnutzer, die Facebook nutzen, nach Altersgruppen in Deutschland im Jahr 2018. URL: https://de.statista.com/statistik/daten/studie/691569/umfrage/anteil-der-nutzer-von-facebook-nach-alter-in-deutschland/ [Stand: 06/2019; Zugriff: 14.06.2020]

Statista.com (b): Anteil der Befragten, die Pinterest nutzen, nach Einkommen in den USA im Jahr 2019. URL: https://de.statista.com/statistik/daten/studie/378576/umfrage/internetnutzer-die-pinterest-nutzen-in-den-usa-nach-einkommen/ [Stand: 04/2019; Zugriff: 21.04.2019]

Statista.com (c): Anteil der Unternehmen mit eigener Website in Deutschland in den Jahren 2015 bis 2019. URL: https://de.statista.com/statistik/daten/studie/151766/umfrage/anteil-der-unternehmen-mit-eigener-website-in-deutschland/ [Stand: 012/2019; Zugriff: 30.05.2020]

Statista.com (a): Online- und Offline-Volumen des Werbemarkts in Deutschland in den Jahren 2013 bis 2018 und Prognose für 2020. URL: https://de.statista.com/statistik/daten/studie/459107/umfrage/online-und-offline-volumen-des-werbemarktes-in-deutschland/ [Stand: 02/2020; Zugriff: 30.05.2020]

Statista.com (b): Ranking der größten sozialen Netzwerke und Messenger nach der Anzahl der monatlich aktiven Nutzer (MAU) im Januar 2020. URL: https://de.statista.com/statistik/daten/studie/181086/umfrage/die-weltweit-groessten-social-networks-nach-anzahl-der-user/ [Stand: 01/2020; Zugriff: 30.05.2020]

Statista.com (c): Ranking der beliebtesten Social Networks und Messenger nach dem Anteil der Nutzer an den Internetnutzern in Deutschland im Jahr 2019. URL: https://de.statista.com/statistik/daten/studie/505947/umfrage/reichweite-von-social-networks-in-deutschland/ [Stand: 02/2020; Zugriff: 30.05.2020]

Statista.com (d): Anteil der Unternehmen, die folgende Social Media Plattformen nutzen weltweit im Januar 2020. URL: https://de.statista.com/statistik/daten/studie/71251/umfrage/einsatz-von-social-media-durch-unternehmen/ [Stand: 05/2020; Zugriff: 24.05.2020]

Statista.com (e): Distribution of Pinterest users worldwide as of April 2020, by gender. URL: https://www.statista.com/statistics/248168/gender-distribution-of -pinterest-users/ [Stand: 04/20; Zugriff: 23.04.2020]

t3n.de: Neues Update: Googles Bildersuche jetzt in Pinterest-Optik. URL: https:/ /t3n.de/news/google-bildersuche-pinterest-844575/ [Stand: 04.08.2017; Zugriff: 02.02.2020]

t3n.de: Pinterest: Die Fotoplattform bringt jetzt Werbeanzeigen nach Deutschland. URL: https://t3n.de/news/pinterest-die-fotoplattform-bringt-jetzt-werbeanzeige n-nach-deutschland-1148677/ [Stand: 07.03.2019; Zugriff: 20.04.2019]

Vener, Amy: In a world of competing voices, visual speaks volumes. URL: https:// business.pinterest.com/en/blog/in-a-world-of-competing-voices-visual-speaks-v olumes [Stand: 08.03.2018; Zugriff: 03.05.2020]

Vinicombe, Heath: Understanding Pins through keyword extraction. URL: https:/ /medium.com/pinterest-engineering/understanding-pins-through-keyword-extr action-40cf94214c18 [Stand: 31.07.2019; Zugriff: 18.04.2020]

Werner, Andreas: Pinterest. Ein Guide für visuelles Social-Media-Marketing. Heidelberg, München, Landsberg, Frechen, Hamburg: mitp eine Marke der Verlagsgruppe Hüthig Jehle Rehm GmbH 2013

Zenithmedia.com: Advertising Expenditure Forecasts March. URL: https://www .zenithmedia.com/wp-content/uploads/2019/03/Adspend-forecasts-March-2019- executive-summary.pdf [Stand: 03/2019; Zugriff: 13.04.2020]

Zhai, Andrew: Unifying visual embeddings for visual search at Pinterest. URL: ht tps://medium.com/pinterest-engineering/unifying-visual-embeddings-for-visual -search-at-pinterest-74ea7ea103f0 [Stand: 08.08.2019; Zugriff: 18.04.2020]

Register